全国高等教育自学考试指定教材

建筑工程专业（独立本科段）

建筑结构试验

（含：建筑结构试验自学考试大纲）

（2016 年版）

全国高等教育自学考试指导委员会　组编

主编　施卫星

参编　卢文胜　单伽锃

武汉大学出版社

图书在版编目(CIP)数据

建筑结构试验/施卫星主编;全国高等教育自学考试指导委员会组编.
—武汉:武汉大学出版社,2016.4(2021.9重印)
全国高等教育自学考试指定教材.建筑工程专业:独立本科段
ISBN 978-7-307-17740-6

Ⅰ.建… Ⅱ.①施… ②全… Ⅲ.建筑结构—结构试验—高等教育—自
学考试—教材 Ⅳ.TU317

中国版本图书馆 CIP 数据核字(2016)第 068686 号

责任编辑:王金龙   责任校对:李孟潇   版式设计:马 佳

出版发行:**武汉大学出版社**   (430072 武昌 珞珈山)
    (电子邮箱:cbs22@ whu.edu.cn 网址:www.wdp.com.cn)
印刷:武汉科源印刷设计有限公司
开本:787×1092 1/16 印张:10 字数:236 千字
版次:2016 年 4 月第 1 版   2021 年 9 月第 3 次印刷
ISBN 978-7-307-17740-6   定价:19.00 元

组 编 前 言

21 世纪是一个变幻莫测的世纪，是一个催人奋进的时代，科学技术飞速发展，知识更替日新月异。希望、困惑、机遇、挑战随时随地都有可能出现在每一个社会成员的生活之中。抓住机遇，寻求发展，迎接挑战，适应变化的制胜法宝就是学习——依靠自己学习、终生学习。

作为我国高等教育组成部分的自学考试，其职责就是在高等教育这个水平上倡导自学、鼓励自学、帮助自学、推动自学，为每一个自学者铺就成才之路。组织编写供读者学习的教材就是履行这个职责的重要环节。毫无疑问，这种教材应当适合自学，应当有利于学习者掌握和了解新知识、新信息，有利于学习者增强创新意识，培养实践能力，形成自学能力，也有利于学习者学以致用，解决实际工作中所遇到的问题。具有如此特点的书，我们虽然沿用了"教材"这个概念，但它与那种仅供教师讲、学生听，教师不讲、学生不懂，以"教"为中心的教科书相比，已经在内容安排、编写体例、行文风格等方面都大不相同了。希望读者对此有所了解，以便从一开始就树立起依靠自己学习的坚定信念，不断探索适合自己的学习方法，充分利用自己已有的知识基础和实际工作经验，最大限度地发挥自己的潜能，达到学习的目标。

欢迎读者提出意见和建议。

祝每一位读者自学成功。

全国高等教育自学考试指导委员会

2015 年 1 月

目　　录

1

全国高等教育自学考试建筑工程专业（独立本科段）

建筑结构试验
自学考试大纲

全国高等教育自学考试指导委员会　制定

大 纲 前 言

为了适应社会主义现代化建设事业的需要，鼓励自学成才，我国在20世纪80年代初建立了高等教育自学考试制度。高等教育自学考试是个人自学，社会助学和国家考试相结合的一种高等教育形式。应考者通过规定的专业课程考试并经思想品德鉴定达到毕业要求的，可获得毕业证书；国家承认学历并按照规定享有与普通高等学校毕业生同等的有关待遇。经过30多年的发展，高等教育自学考试为国家培养造就了大批专门人才。

课程自学考试大纲是国家规范自学者学习范围，要求和考试标准的文件。它是按照专业考试计划的要求，具体指导个人自学、社会助学、国家考试、编写教材及自学辅导书的依据。

为更新教育观念，深化教学内容方式、考试制度、质量评价制度改革，更好地提高自学考试人才培养的质量，全国考委各专业委员会按照专业考试计划的要求，组织编写了课程自学考试大纲。

新编写的大纲，在层次上，专科参照一般普通高校专科或高职院校的水平，本科参照一般普通高校本科水平；在内容上，力图反映学科的发展变化以及自然科学和社会科学近年来研究的成果。

全国考委土木水利矿业环境类专业委员会参照普通高等学校相关课程的教学基本要求，结合自学考试建筑工程专业的实际情况，组织制定的《建筑结构试验自学考试大纲》，经教育部批准，现颁发施行。各地教育部门、考试机构应认真贯彻执行。

全国高等教育自学考试指导委员会
2016 年 1 月

I 课程性质与课程目标

一、课程性质和特点

建筑结构试验课程是全国高等教育自学考试建筑工程专业(独立本科段)必考的专业课,是为培养和检验自学应考者的建筑结构试验的理论知识、试验设计和实施能力而设立的一门综合性的专业技术课程。

二、课程目标

本课程设置的目标是:

(1)培养学生理论联系实际及实践是检验真理唯一标准的正确思想。

(2)掌握建筑结构试验设计的一般原则和方法,具有制定和实施一般结构试验方案的初步能力。

(3)要求初步掌握结构试验常用的测试仪器、加载设备的基本原理和使用方法,对先进的试验设备、测试技术和发展方向要有所了解。

(4)掌握基本的试验技术,能进行一般结构试验的仪器设备的操作及试验现象的观测,并具有处理试验数据、评定结构构件性能和编写试验报告的初步能力。

三、与相关课程的联系与区别

本课程的先行课程为:物理、建筑材料、材料力学、结构力学、混凝土结构设计、钢结构。本课程通过理论和实验学习环节,使自学应考者获得建筑结构试验的基本知识和基础技能,在掌握已有的物理、力学、材料和结构等专业知识的基础上,根据本专业设计、施工和科学研究的需要,能够进行一般建筑结构试验的设计,并得到初步的训练和实践。

四、课程的重点和难点

本课程的重点是:通过理论和实验学习环节,使自学应考者获得建筑结构试验的基本知识和基础技能,在掌握已有的物理、力学、材料和结构等专业知识的基础上,根据本专业设计、施工和科学研究的需要,能够进行一般建筑结构试验的设计,并得到初步的训练和实践。难点是:综合运用所学知识进行结构试验设计、试验结果分析和编写试验报告。

Ⅱ 考核目标

本大纲在考核目标中，按照识记、领会、简单应用和综合应用四个层次规定其应达到的能力层次要求。四个能力层次是递升的关系，后者必须建立在前者的基础上。各能力层次的含义是：

识记（Ⅰ）：要求考生能够识别和记忆本课程中有关建筑结构试验概念及规律的主要内容（如定义、定理、定律、表达式、公式、原理、重要结论、方法及特征、特点等），并能够根据考核的不同要求，做正确的表述、选择和判断。

领会（Ⅱ）：要求考生能够领悟和理解本课程中有关结构试验概念及规律的内涵及外延，理解各种结构试验方法的确切含义、特点和适用条件，能够鉴别关于概念和特点的似是而非的说法；理解相关知识的区别和联系，并能根据考核的不同要求对结构试验问题做出正确的判断、解释和说明。

简单应用（Ⅲ）：要求考生能够根据已知的知识和试验数据、条件，对结构试验问题进行推理和论证，得出正确的结论或做出正确的判断，并能把推理过程正确地表达出来。还可运用本课程中的少量知识点，利用简单的数学方法分析和解决一般应用问题，如简单的计算、绘图和分析等。

综合应用（Ⅳ）：要求考生能够面对具体、实际的结构试验问题，并能探究解决问题的方法，给出试验的设计，并根据试验结果得出正确的结论，如分析、计算、绘图和论证等。

Ⅲ 课程内容与考核要求

第1章 结构试验概论

一、学习目的与要求

通过本章学习，了解结构试验与结构理论和工程实践的关系及其在结构学科发展中的地位和作用，明确结构试验的任务、目的和分类。

二、课程内容

结构试验的任务，结构试验的目的，结构试验的分类。

三、考核知识点与考核要求

(一)结构试验任务
识记：结构试验的具体任务。
领会：结构试验在工程结构学科发展中的作用和意义。
(二)结构试验的目的
识记：结构试验的具体目的。
领会：结构试验能够解决的工程问题。
(三)结构试验分类
识记：结构试验分类的方法和内容。
领会：各类试验的特点和应用的范围。

四、本章重点、难点

本章重点是结构试验的分类、各类结构试验的特点和应用范围。

第2章 结构试验设计

一、学习目的与要求

通过本章学习，培养学生具有结构试验设计和组织结构试验的初步能力，要求学生掌握试验设计中的试件设计、荷载设计和观测设计三个主要部分的内容和它们之间的相互关系，以及如何控制结构试验可能产生的各种误差。

二、课程内容

结构试验设计概述；结构试验的试件设计，包括试件形状、试件尺寸、试件数量以及结构试验对试件设计的要求；结构试验的荷载设计，包括试验加载图式的选择与设计、试验加载装置的设计、结构试验的加载制度；结构试验的观测设计，包括观测项目的确定、测点的选择和布置、仪器的选择与测读原则；材料力学性能与结构试验的关系；结构试验的误差；试验方案实例。

三、考核知识点与考核要求

(一)结构试验设计概述

识记：结构试验设计的主要环节。

领会：结构试验各主要环节的具体内容及各环节之间的关系。

(二)结构试验的试件设计

识记：结构试验对试件设计的要求及需考虑的具体内容。

领会：结构试验对试件尺寸的制约因素，尺寸效应对试件结果的影响，试件形状与结构边界条件模拟，试件数量与影响试件性能参数的关系，试件加载设计和观测设计的要求。

(三)结构试验的荷载设计

识记：各种荷载加载的含义，加载图式选择和设计原则，等效荷载的意义，超静定整体结构中框架梁、柱节点试验时的荷载图式和边界条件模拟，试验装置设计的要求，试验加载制度的含义。

领会：不同试验加载方案的特点和注意事项，试验改变加载图式或采用等效荷载的原因，试验装置的强度、刚度以及边界条件的模拟对试件的影响，不同类型的结构试验的加载方法和加载程序。

综合应用：各种试验加载方案在实际结构试验中的应用，等效荷载在结构试验中的应用，结构试验采用等效荷载的计算和求解。

(四)结构试验的观测设计

识记：结构试验观测设计的内容，测点布置原则，选择仪器的要求，仪表测读和数据采集的注意事项。

领会：结构试验观测设计的重要性，控制测点和校核测点的作用，按被测值要求选择仪器量程和最小分度值的意义。

简单应用：测点布置在结构试验中的应用。

(五)材料力学性能与结构试验的关系

识记：结构试验方法对强度指标的影响。

领会：结构试验加载速度对强度的影响。

(六)结构试验的误差

识记：结构试验各种误差的由来，控制误差的作用。

领会：控制试件制作误差的方法，控制材料强度误差的措施，试验方法标准化的意义。

四、本章重点、难点

本章重点是结构试验的荷载设计和观测设计，难点是等效荷载在结构试验中的应用，结构试验采用等效荷载的计算和求解。

第3章　结构试验设备和仪器

一、学习目的与要求

通过本章学习，要求学生掌握实验室和现场试验常用的加载方法和试验装置，理解结构试验数据采集的意义和作用、测量仪器的工作原理和应用范围，正确选择和使用各种方法进行加载设计和观测设计。

二、课程内容

结构试验的静力加载设备和动力加载设备；荷载支承设备和试验台座；结构试验的量测仪器，包括传感器和数据采集系统。

三、考核知识点与考核要求

(一)结构试验的加载设备

识记：结构试验的常用静力加载设备和动力加载设备，重物加载法、液压加载法、机械力加载法、气压加载法、惯性力加载法、离心力加载法、电磁加载法、人工激振法、环境随机振动激振法、模拟地震振动台等方法的概念和特点。

领会：各种加载方法的加载原理。

简单应用：液压加载法在各种结构试验中的应用。

(二)荷载支承设备和试验台座

识记：结构试验的各种类型支座的形式与构造，各种荷载支承机构的作用，试验台座的类型、作用和构造。

领会：荷载支承设备和试验台座与模拟结构构件受力和边界条件的关系。

简单应用：各种装置在实际结构试验中的应用。

(三)结构试验的量测仪器

识记：量测仪器的不同分类，电测传感器的主要组成，电阻应变计的原理和灵敏系数的含义，电阻应变仪测量电桥的特性和应用，振动传感器的类型和特点，数据采集系统。

领会：各种量测仪器的工作原理。

综合应用：量测仪器在各种结构试验中的应用。

四、本章重点、难点

本章重点是结构试验的加载设备名称及其应用场合，各种支座、支承机构和台座，各种传感器，难点是电阻应变测量技术及其应用。

第4章 结构单调静力加载试验

一、学习目的与要求

通过本章学习，要求学生了解结构单调静力加载试验的作用和意义，了解结构单调静力加载试验的全过程，掌握结构单调静力加载试验的加载设计、观测设计和试验报告的编写。

二、课程内容

结构单调加载静力试验的加载制度；受弯构件试验；柱与压杆试验；屋架试验；钢筋混凝土楼盖试验；结构静力加载试验实例。

三、考核知识点与考核要求

(一)结构单调加载静力试验的加载制度

识记：结构静力单调加载试验的含义。

领会：结构单调静力加载试验的加载制度的含义。

(二)受弯构件试验

识记：受弯构件试验的安装和加载方法，挠度、应变测点布置和支座沉降修正，应力集中区的测点布置。

领会：等效荷载的含义，挠度计算，裂缝测量。

综合应用：结合课程试验，根据试验结果计算分析试件变形和截面应力分布。

(三)柱与压杆试验

识记：受压构件的边界条件，加载装置，试验观测内容和测点布置。

领会：受压构件与受弯构件比较，双肢柱试验。

(四)屋架试验

识记：屋架试验的支座和边界条件，各种加载方法和相应的加载装置，观测内容和测点布置。

领会：侧向支撑布置原则，杆件内力、节点应力及预应力锚头性能测量的布点原则。

(五)钢筋混凝土楼盖试验

识记：试验荷载布置原则，试验观测设计和测点布置。

领会：钢筋混凝土楼盖试验中自重作用下的挠度和应力的反推方法。

四、本章重点、难点

本章重点是受弯构件和受压构件的单调静力加载试验方法，难点是根据受弯构件的试验结果进行试件挠度和应力计算。

第5章　结构动力试验

一、学习目的与要求

通过本章学习，要求学生重点了解结构动力特性和结构动力响应的含义，掌握结构动力特性和动力响应的测试方法。

二、课程内容

结构动力特性量测方法，包括人工激振法测量结构动力特性、环境随机振动法测量结构动力特性；结构动力响应量测方法；结构动力试验实例。

三、考核知识点与考核要求

(一)结构动力特性量测方法

识记：结构动力特性试验测试的内容，人工激振法和环境随机振动法测量结构自振特性的方法。

领会：结构动力他行测试的意义，人工激振法测量结构动力特性的原理，环境随机振动法测量结构动力特性的原理。

简单应用：结构自振频率和阻尼比的确定。

(二)结构动力响应量测方法

识记：结构动力响应测试的内容和测试方法。

领会：结构动力响应与动力特性试验的区别，结构动力系数的含义。

四、本章重点、难点

本章重点是结构自振特性的测量方法，难点是结构自振频率和阻尼比的确定。

第6章　结构抗震试验

一、学习目的与要求

通过本章学习，要求学生了解和掌握结构抗震静力加载试验和动力加载试验的加载制度，以及不同试验方法的特点。

二、课程内容

结构抗震静力加载试验；结构抗震动力加载试验；结构抗震试验实例。

三、考核知识点与考核要求

(一)结构抗震静力加载试验

识记：低周反复加载试验加载制度的类型和方法，砖石及砌体墙体、钢筋混凝土框架梁柱节点的试件设计、加载装置、观测设计。

领会：结构抗震静力加载试验与结构单调静力加载试验的区别和意义。

(二)结构抗震动力加载试验

识记：结果动力加载试验的加载制度和加载设计，模拟地震振动台试验输入地震波的类型。

领会：结构抗震动力加载试验与结构抗震静力加载试验的区别，一次性加载和多次性加载的区别，强震观测与天然地震结构动力试验的意义。

四、本章重点、难点

本章重点是结构抗震静力加载方法和结构抗震动力加载方法，难点是拟静力加载试验方法和模拟地震振动台试验方法。

第7章　结构现场检测技术

一、学习目的与要求

通过本章学习，要求学生了解结构非破损检测技术在结构工程中应用的意义，掌握回弹法、超声脉冲法、超声回弹综合法、钻芯法、拔出法检测混凝土强度的原理和测试方法，了解混凝土内部缺陷的检测技术、砌体强度测试方法。

二、课程内容

混凝土结构非破损检测技术，包括回弹法检测混凝土强度、超声脉冲法检测混凝土强度、超声回弹综合法检测混凝土强度、钻芯法检测混凝土强度、拔出法检测混凝土强度、超声法检测混凝土缺陷；砖石和砌体结构的现场检测技术；钢结构现场检测技术。

三、考核知识点与考核要求

(一)混凝土结构非破损检测技术

识记：非破损检测技术的含义，混凝土结构非破损检测技术的分类和特点。回弹法检测混凝土的含义，影响因素，碳化深度测量方法。超声波法检测混凝土强度的含义，测区选择和测点布置。钻芯法检测混凝土强度的含义。超声波检测混凝土缺陷的方法。钢筋位置和钢筋锈蚀的检测。

领会：非破损检测技术在结构工程中应用的意义，不同检测方法的特点和适用范围。

简单应用：结合课程试验，能应用回弹法检测混凝土强度。

(二)砖石和砌体结构的现场检测技术

识记：砌体强度测定方法的含义，原位轴压法和扁顶法的试验装置和检测技术。

领会：原位轴压法和扁顶法的工作原理。

(三)钢结构现场检测技术

识记：钢材强度测定方法，钢材和焊缝缺陷的检测方法。

领会：超声波法检测钢材和焊缝内部缺陷与检测混凝土内部缺陷的共同点和区别。

四、本章重点、难点

本章重点是混凝土结构非破损检测技术及其应用场合，砖石和砌体结构的现场检测方法；难点是回弹法检测混凝土的强度。

第8章　结构模型试验

一、学习目的与要求

通过本章学习，要求学生了解结构模型试验的相似理论及其相似判据的推导方法，了解弹性模型和强度模型的含义，常用的模型材料及其特点。

二、课程内容

相似定理，相似现象的性质，相似判据的确定，相似现象的充分必要条件；模型设计；模型材料。

三、考核知识点与考核要求

(一)相似定理
识记：结构模型相似的含义，相似判据确定的方法，模型相似的充分必要条件。
领会：相似常熟与相似条件的关系。
(二)模型设计
识记：弹性模型和强度模型的含义，模型设计的程序。
领会：结构静力模型试验的相似常数，结构动力模型试验的相似常数。
(三)模型材料
识记：弹性模型材料的要求，强度模型材料的要求。
领会：常用弹性模型材料及其特点，常用强度模型材料及其特点。

四、本章重点、难点

本章重点是模型相似定理，模型设计和模型材料；难点是相似判据的确定。

Ⅳ 关于大纲的说明与考核实施要求

一、自学考试大纲的目的和作用

课程自学考试大纲是根据专业自学考试计划的要求，结合自学考试的特点而确定。其目的是对个人自学、社会助学和课程考试命题进行指导和规定。

课程自学考试大纲明确了课程学习的内容以及深广度，规定了课程自学考试的范围和标准。因此，它是编写自学考试教材和辅导书的依据，是社会助学组织进行自学辅导的依据，是自学者学习教材、掌握课程内容知识范围和程度的依据，也是进行自学考试命题的依据。

二、课程自学考试大纲与教材的关系

课程自学考试大纲是进行学习和考核的依据，教材是学习掌握课程知识的基本内容与范围，教材的内容是大纲所规定的课程知识和内容的扩展与发挥。

三、关于自学教材

《建筑结构试验》，全国高等教育自学考试指导委员会组编，施卫星主编，武汉大学出版社出版，2016 年版。

四、关于自学要求和自学方法的指导

本大纲的课程基本要求是依据专业考试计划和专业培养目标而确定的。课程基本要求还明确了课程的基本内容以及对基本内容掌握的程度。基本要求中的知识点构成了课程内容的主体部分。因此，课程基本内容掌握程度、课程考核知识点是高等教育自学考试考核的主要内容。

为有效地指导个人自学和社会助学，本大纲已指明了课程的重点和难点，在章节的基本要求中一般也指明了章节内容的重点和难点。

本课程共 3 学分(包括实验内容的 1 学分)。

五、应考指导

1. 建筑结构试验是建筑工程专业的一门专业技术课，也是一门综合性的应用学科。自学应考者应综合应用物理、材料力学、结构力学、建筑材料、工程结构、结构抗震等学科的知识来解决结构试验中的有关仪器设备原理、结构试验加载设计、测点布置、材料性能、结构评定等方面的诸多问题。

2. 本课程以结构试验设计、结构单调静力加载试验、结构动力试验、结构抗震试验、结构现场测试技术等章内容为重点。要求自学应考者掌握结构试验的仪器设备原理、特点和基本使用方法，为结构试验的荷载设计和观测设计服务。

自学应考者应在全面系统学习各章内容的基础上，弄清结构试验的工作过程和规律，掌握各章节之间的关系，有计划、有重点地学习各章内容，循序渐进，逐步深入。

3. 建筑结构试验课程的实践性较强，学习中应做到理论联系实践，通过教学实验，增强感性认识，有助于更深刻地领会教材的相关内容，提高分析问题和解决问题的能力。

六、对社会助学的要求

1. 承担本课程的社会助学者应根据建筑结构试验自学考试大纲规定的考试内容和目标对自学应考者进行切实有效的辅导，帮助学生把握学习的正确导向。

2. 社会助学者应通过教学实验，指导学生理论联系实践，加深对教材相关内容的理解，培养和提高自学者分析问题和解决问题的能力。

3. 为帮助自学应考者对课程内容的理解，社会助学者尽可能结合生产和科研工作实例，利用现代教育手段进行辅导讲解，开阔学生视野。

七、对考核内容的说明

1. 本课程要求自学应考者学习和掌握的知识点内容都作为考核的内容。课程中各章的内容均由若干知识点组成，在自学考试中成为考核知识点。

2. 本课程以结构试验设计、结构单调静力加载试验、结构动力试验、结构抗震试验、结构现场测试技术等章内容为重点。自学应考者通过掌握结构试验的仪器设备原理、特点和基本使用方法，综合应用各方面的知识，进行结构试验的荷载设计和观测设计。

3. 由于各知识点在本课程中的地位、作用以及知识自身的特点不同，自学考试对各知识点按识记、领会、简单应用、综合应用四个认知层次确定其考核要求。

八、关于考试命题的若干规定

1. 本课程采用笔试方式考试，闭卷，考试时间为 120 分钟，需要携带有刻度的直尺和无任何存储功能的计算器。

2. 本大纲各章所规定的基本要求、知识点及知识点下的知识细目，都属于考核的内容。考试命题既要覆盖到章，又要避免面面俱到。要注意突出课程的重点、章节重点，加大重点内容的覆盖度。

3. 命题不应有超出大纲中考核知识点范围的题目，考核目标不得高于大纲中所规定的相应的最高能力层次要求。命题应着重考核自学者对基本概念、基本知识和基本理论是否了解或掌握，对基本方法是否会用或熟练。不应出与基本要求不符的偏题或怪题。

4. 本课程在试卷中对不同能力层次要求的分数比例大致为：识记占 20%，领会占 30%，简单应用占 30%，综合应用占 20%。

5. 要合理安排试题的难易程度，试题的难度可分为：易、较易、较难和难四个等级。每份试卷中不同难度试题的分数比例一般为：2：3：3：2。

6. 课程考试命题的主要题型有单项选择题、填空题、简答题、设计计算题，题型见本题型举例。

在命题工作中应按照本课程大纲中所规定的题型命制，考试试卷使用的题型可以略少，但不能超出本课程对题型规定。

V 建筑结构试验课程教学实验自学考试大纲

一、课程教学实验的作用和任务

建筑结构试验课程教学实验是本课程理论联系实践的重要教学环节。通过实验，帮助学生进一步领会本课程有关章节的内容和它在发展结构学科中的作用，培养学生科学实验的实践能力和严谨求实的科学态度，提高对实践是检验真理唯一标准的认识。

二、教学实验的基本要求

本课程结合试验仪器设备、结构单调静力加载试验、结构动力特性试验以及混凝土结构回弹法检测强度等有关章节统一安排教学实验内容如下：

实验（一） 电阻应变计、电阻应变仪、百分表和电阻应变式电测位移计的使用。

要求学生正确掌握电阻应变计、电阻应变仪、百分表和电阻应变式电测位移计的使用和操作技术，电桥桥路连接方法，验证电桥的桥臂特性和桥臂系数。

实验（二） 钢桁架的静力试验

要求学生进行结构试验设计，即按试验目的要求进行荷载设计和观测设计，确定试验加载设备、试验装置和制定加载制度，进行测点布置和仪器选择。通过实验，掌握结构单调加载静力试验的全过程。通过整理试验报告，进行试验数据整理计算和曲线绘制的基本训练，并对试验结果作出正确评价。

实验（三） 动态量测仪器的使用和结构动力特性测量。

要求学生正确掌握压电式加速度传感器和数据采集系统的操作使用，学习结构动力特性的测量和试验结果的整理。

实验（四） 回弹法检测结构混凝土强度

要求学生正确掌握回弹仪的使用技术，学习回弹法检测混凝土强度的试验操作、碳化深度的量测，熟悉混凝土强度的换算与推定。

三、有关说明和实施要求

1. 各助学点或主考院校可按实际条件和可能，选择其中两个实验供应考者进行实验教学。

2. 各主考院校和助学点可按本地实际条件编写实验指导书和实验报告要求，供自学应考者学习参考。

四、自学参考书

1. 同建筑结构试验自学考试大纲。
2. 建筑结构试验教学实验指导书（由各主考院校按本大纲要求负责提供）。

Ⅵ 题型举例

一、单项选择题

1. 简支梁跨中作用集中荷载 P，模型设计时假定几何相似常数 $S_l = 1/10$，模型与原型使用相同的材料，并要求模型挠度与原型挠度相同，即 $f_m = f_P$，则集中荷载相似常数 S_P 为（　　）。

A. 1　　　　　B. 1/10　　　　C. 1/20　　　　D. 1/100

2. 静载试验中采用千分表（最小刻度恒为 0.001mm）量测钢构件应变，测量标距为 100mm。当千分表示值变动 3 格时（钢材弹性模量 $E = 206 \times 10^3 \, \text{N/mm}^2$），实际应力为（　　）。

A. 0.618N/mm²　　B. 6.18N/mm²　　　C. 61.8N/mm²　　　D. 618N/mm²

二、填空题

1. 根据不同的试验目的，结构试验分为＿＿＿＿＿和＿＿＿＿＿两大类。

2. 结构试验的一般过程可分为结构试验设计、结构试验准备、＿＿＿＿＿和＿＿＿＿＿四个阶段。

三、简答题

1. 试述结构试验测点布置原则。

2. 结构试验的误差有哪些？如何消除试件尺寸误差？

四、设计计算题

1. 用三分点集中荷载 P 代替均布荷载 q 对一简支梁进行加载试验，试按跨中最大弯矩等效原则求等效荷载 P，并计算挠度修正系数。

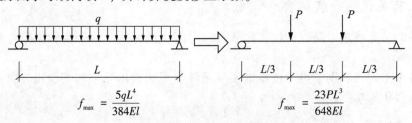

$$f_{max} = \frac{5qL^4}{384EI}$$

$$f_{max} = \frac{23PL^3}{648EI}$$

大 纲 后 记

　　《建筑结构试验自学考试大纲》是根据全国高等教育自学考试建筑工程专业考试计划的要求制定的。

　　《建筑结构试验自学考试大纲》提出初稿后，由全国考委土木水利矿业环境类专业委员会组织专家在上海召开了审稿会，并根据审稿意见做了认真修改。最后，由全国考委土木水利矿业环境类专业委员会审定通过。

　　本大纲由同济大学施卫星教授负责编写，参加审稿并提出修改意见的有同济大学吕西林教授、清华大学王宗纲教授、苏州科技大学田石柱教授。

　　对参加本大纲编写、审稿的各位专家表示诚挚的感谢！

全国高等教育自学考试指导委员会

土木水利矿业环境类专业委员会

2016 年 1 月

全国高等教育自学考试指定教材
建筑工程专业(独立本科段)

建筑结构试验

全国高等教育自学考试指导委员会　组编

编 者 的 话

　　"建筑结构试验"课程是高等教育自学考试建筑工程专业(独立本科段)必考的专业课,是为培养和检验自学应考者的建筑结构试验的理论知识、试验设计和实施能力而设立的一门综合性的专业技术课程。

　　本教材按照《建筑结构试验自学考试大纲》的要求进行编写,旨在通过个人自学和社会助学,经过理论的实验等教学环节,使自学应考者获得建筑结构试验的基本知识和基本技能,在掌握已有的物理、力学、材料和结构等专业知识的基础上,根据本专业设计、施工和科学研究的需要,能够进行一般建筑结构试验的设计,应用结构试验的测试技术和试验方法,研究和验证工程结构的计算理论和设计方法,检验结构的性能和承载能力,判断结构的质量和可靠性,并得到初步的训练和实践。

　　本教材编写的指导思想是重视和加强试验设计,注意到理论和实践的结合和自学应考者的学习特点,力求全面反映结构试验学科的现状和发展,并与已颁布和实施的结构试验和检测技术的标准、规程和规范相协调。本教材将结构试验设计、结构试验设备、结构单调静力加载试验、结构动力加载试验、结构抗震试验、结构现场检测技术、结构模型试验等独立成章,并在主要的章节附有试验实例,便于自学者学习参考和具体实践。教材反映和应用了同济大学以及作者在结构试验研究中的成果。

　　本教材由同济大学施卫星教授担任主编,同济大学卢文胜教授和单伽锃助理研究员参加编写。清华大学王宗纲教授、苏州科技大学田石柱教授和同济大学吕西林教授对本教材提出了宝贵的意见。教材参考和应用了有关兄弟单位的试验成果,特此一并感谢。

　　由于作者业务水平有限,编写中必有漏误之处,敬希专家同行和读者批评指正。

编者
2016 年 1 月

第1章　结构试验概论

1.1　结构试验的任务

各种建筑物、构筑物和工程设施都是在一定经济条件制约下，以工程材料为主体制成的各种承重构件(梁、板、柱等)相互连接构成的组合体。其必须在规定的使用期限内安全有效地承受外部及内部形成的各种作用，以满足结构的功能和使用要求。为此，工程技术人员必须综合研究和考虑结构在其整个生命周期中如何适应各种可能产生的风险，如在建造阶段可能产生的设计、施工失误和疏忽，正常使用阶段来自各种非正常的外界活动的影响，特别是自然灾害(如地震、台风)、人为灾害(如超载、火灾等)以及结构老化阶段出现的各种损伤的积累和正常抗力的丧失等。

为了进行合理的设计，必须掌握结构在各种作用下的实际反应、应力分布和所处的工作状态，了解结构构件的刚度、抗裂性能以及实际所具有的承载力和安全储备。

在结构分析工作中，一方面可以应用传统和现代的设计理论、现代的计算技术和计算方法；另一方面也可以应用实验和检测的手段，通过结构试验、实验应力分析的方法来解决。对于简单的问题，可采用手算或计算器完成；对于较复杂的问题，可借助计算机完成；对于复杂问题有时用计算机无法完全解答，须借助结构试验来得到正确答案。

随着计算机技术和传感技术的发展，利用计算机控制的结构试验，实现荷载模拟、数据采集和数据处理以及整个试验的自动化，使结构试验技术的发展产生了根本的变化。人们可以利用计算机的各种数据采集和自动处理系统，准确、及时和完整地收集并表达荷载与结构行为的各种信息；由计算机控制的多维模拟地震振动台，可以实现多维输入地震波的人工再现和模拟地面运动对结构作用的全过程；采用与计算机联机的电液伺服加载系统，可帮助试验者在静力状态下进行拟动力试验，量测结构在输入地面运动加速度作用时的动力反应。这充分说明计算机的应用强化了人们从复杂的工程实践中提炼关键因素进行结构试验的能力，使结构试验真正成为一门试验科学，并继续成为发展结构理论和解决工程实践的主要手段。

建筑结构在承受外部及内部形成的各种作用时会产生各种反应。例如，钢筋混凝土简支梁在静力均布荷载作用下，通过量测梁在不同受力阶段的跨中挠度、支座角位移、截面上的纤维应变和混凝土开裂后的裂缝宽度等参数，可分析梁的整个受力过程、结构的强度、刚度和抗裂性能。当工业厂房钢结构框架承受起重吊车的横向制动力作用时，同样可以量测框架结构的振动频率、阻尼系数、振幅(动位移)和动应变等，研究结构的动力特性和动力反应。在结构抗震研究中，当对试件施加水平方向的低周反复荷载模拟地震对结构的作用时，人们可以由试验量测反映荷载和变形关系的恢复力特性曲线

(滞回曲线)，为分析结构的强度、刚度、延性、刚度退化等提供数据。

建筑结构试验的任务是在结构物或试验对象(实物或模型)上，以仪器设备为工具，利用各种实验技术为手段，在荷载(重力、机械扰动力、地震力、风力……)或其他因素(温度、变形沉降……)作用下，通过测试与结构工作性能有关的各种参数(变形、挠度、位移、应变、振幅、频率等)，从强度(稳定)、刚度、抗裂性以及结构的破坏形态等各个方面来判断结构的实际工作性能，估计结构的承载能力，确定结构对使用要求的符合程度，并用以检验和发展结构的计算理论。

由此可知，建筑结构试验是以实验方式测试有关数据，反映结构或构件的工作性能、承载能力以及相应的可靠度，为结构的安全使用和设计理论的建立提供重要的依据。

实践是检验真理的唯一标准。科学实践是人们正确认识事物本质的源泉，可以帮助人们认识事物的内在规律。在结构工程学科中，人们需要正确认识结构的性能和不断深化这种认识，结构试验是一种已被实践所证明了的行之有效的方法。

1.2 结构试验的目的

根据不同的试验目的，结构试验可归纳为生产性试验和科研性试验两大类。

1.2.1 生产性试验

这类试验经常具有直接的生产目的，它以实际建筑物或结构构件为试验鉴定的对象，通过试验对具体结构构件作出正确的技术结论，一般常用来解决以下有关问题：

①综合鉴定重要工程和建筑物的设计与施工质量。

对于一些比较重要的结构与工程，除在设计阶段进行必要而大量的试验研究外，在实际结构建成以后，还要求通过现场试验，综合性地鉴定其质量的可靠程度。上海南浦大桥和杨浦大桥建成后的荷载试验、上海环球金融中心大厦振动台试验、上海中心建造和正常使用过程中的监测、秦山核电站安全壳结构整体加压试验均属此例。

②鉴定预制构件的产品质量。

构件厂或现场成批生产的钢筋混凝土预制构件，在构件出厂或现场安装之前，必须根据科学抽样试验的原则，按照相关质量检验评定标准和试验规程，通过少量的试件试验，以推断成批产品的质量。

③既有结构可靠性检验，推断和估计结构的剩余寿命。

既有结构随着建造年份和使用时间的增长，结构物逐渐出现不同程度的老化现象，有的已到了老龄期、退化期和更换期，有的则到了危险期。为了保证既有建筑的安全使用，尽可能地延长它的使用寿命和防止建筑物破坏、倒塌等重大事故的发生。国内外对建筑物的使用寿命，特别是对使用寿命中的剩余期限，即剩余寿命特别关注。通过对已建建筑的观察、检测和分析普查，按可靠性鉴定规程评定结构所属的安全等级，由此来推断其可靠性和估计其剩余寿命。可靠性鉴定大多采用非破损检测的试验方法。根据试验结果，采用与实际结构相符的分析模型和分析方法进行评判。

④工程改建或加固，通过试验判断既有结构的实际承载能力。

既有建筑的改建、加层，为了生产需要提高车间起重能力或由于需要提高建筑抗震烈度而进行的加固等，在单凭理论计算不能得到可靠分析结论时，经常是通过试验以确定这些结构的潜在能力，这在缺乏旧有结构的设计计算与图纸资料，要求改变结构工作条件的情况下更有必要。例如，为了满足上海地区抗震 7 度设防要求，曾对一些旧有的重要建筑进行过抗震鉴定，提出了加固方案。

⑤处理受灾结构和工程质量事故，通过试验鉴定提供技术依据。

对于遭受地震、火灾、爆炸等原因而受损的结构，或是在建造和使用过程中发现有严重缺陷(施工质量事故，结构过度变形和严重开裂等)的危险性建筑，往往有必要进行详细的检验。例如，某塑料厂的成型车间，在施工过程中发生火灾，以致一座三层的混合结构房屋遭到破坏，砖墙开裂，楼盖混凝土剥落，钢筋外露，最后选择楼面中破坏较为严重的楼板和次梁进行了荷载试验，判断楼面结构在受灾破坏情况下的剩余承载能力。

1.2.2　科研性试验

科学研究性试验的目的是验证结构设计计算的各种假定，通过制定各种设计规范，发展新的设计理论，改进设计计算方法，为发展和推广新结构、新材料及新工艺提供理论依据与实践经验。

1. 验证结构计算理论的假定

在结构设计中，为了计算上的方便，人们经常要对结构构件的计算图式和本构关系作某些简化的假定。例如在较大跨度的钢筋混凝土结构厂房中，采用 30~36m 跨度竖腹杆型式的预应力钢筋混凝土空腹桁架。在设计中，这类桁架的计算图式可假定为多次超静定的空腹桁架，也可按两铰拱计算，而将所有的竖杆看成是不受力的吊杆，这一般可以通过试验研究来加以验证。在构件静力和动力分析中，本构关系的模型化也是通过试验加以确定的。

2. 为制定设计规范提供依据

我国现行的各种结构设计规范除了总结已有大量科学实验的成果和经验以外，为了理论和设计方法的发展，还进行了大量钢筋混凝土结构、砖石结构和钢结构的梁、柱、框架、节点、墙板、砌体等实物和缩尺模型的试验，以及实体建筑物的试验，为我国编制各类结构设计规范提供了基本资料与试验数据。事实上，现行规范采用的钢筋混凝土结构构件和砖石结构的计算理论。几乎全部是以试验研究的直接结果为基础的，这也进一步体现了结构试验学科在发展设计理论和改进设计方法上的作用。

3. 为发展和推广新结构、新材料与新工艺提供实践经验

随着建筑科学和基本建设发展的需要，新结构、新材料和新工艺不断涌现。例如在钢混凝土结构中各种新钢种的应用，薄壁弯曲轻型钢结构的设计推广，升板、滑模施工工艺的发展，大跨度结构、高层建筑与特种结构的设计施工等。一种新材料的应用，一个新结构的设计和新工艺的施工，往往需要经过多次的工程实践与科学实验，即由实践到认识，由认识到实践的多次反复，从而积累资料，丰富认识，使设计计算理论不断改进和不断完善。结合我国钢材生产的特点，人们曾对 16 锰及硅钛或硅钒类等钢种的原材料和使用这类钢材的结构构件做了大量的试验。例如上海某剧场改建工程中，在以往理论研究和通过模型试验积累的经验基础上，采用了一种新的挑台结构形式——预应力悬带结构，有效地解决了建筑空间与结构受力性能的矛盾。为了试验悬带眺台的结构性能，进行了现场的静力和动力试验，获得了结构刚度、次弯矩影响、预应力损失和结构自振频率等第一性资料，为这种新型结构的推广使用提供了经验。在目前高层建筑的设计建设中，对筒中筒的结构体系进行了较多的试验研究。又如在升板结构与滑模施工中，通过现场实测积累了大量与施工工艺有关的数据，为发展以升带滑、滑升结合的新工艺创造了条件。

1.3　结构试验的分类

结构试验除了按上述试验目的分为生产性试验和科研性试验外，还可按试验对象的尺寸、荷载的性质、时间的长短、所在的场地和试件是否破坏等因素进行分类。

1.3.1　按试验对象的尺寸分类

1. 原型试验

原型试验的对象是实际结构(实物)或者是实际的结构构件。

实物试验一般用于生产性试验，例如秦山核电站安全壳加压整体性能的试验就是一种非破坏性的现场试验。对于工业厂房结构的刚度试验、楼盖承载能力试验等均在实际结构上加载量测。另外，在高层建筑上直接进行风振测试和通过环境随机振动测定结构动力特性等均属此类。在原型试验中，另一类就是实际的结构构件的试验，试验对象就是一根梁、一块板或一榀屋架之类的实物构件，它可以在实验室内试验，也可以在现场试验。在浦东国际机场建设中，对候机楼建筑中跨度为83m(屋架跨中高度为11m，自重约550kN)，下弦为高强度钢缆($\Phi5\times241$)的R2预应力钢屋架，曾在江南造船厂屋架制作现场进行过预应力张拉和足尺构件的荷载试验，取得了较为满意的试验结果。

2. 模型试验

模型是仿照原型(真实结构)并按照一定比例关系复制而成的试验代表物，它具有实际结构的全部或部分特征，但大部分结构模型是尺寸比原型小得多的缩尺结构。当试验研究需要时，也可以制作1:1的足尺模型作为试验对象。

由于受投资大、周期长、测量精度受环境因素干扰等影响，进行原型结构试验在物质上或技术上往往会存在某些困难。人们在结构设计的方案阶段进行初步探索比较或对设计理论计算方法进行探讨研究时，较多采用比原型结构小的模型进行试验。

(1)相似模型试验

按照相似理论进行模型设计、制作与试验。用适当的比例尺和相似材料制成与原型几何相似的试验对象，在模型上施加相似力系(或称比例荷载)，使模型受力后重演原型结构的实际工作状态，最后按相似条件由模型试验的结果推算实际结构的工作。这类模型要求比较严格的相似条件，即要求满足几何相似、力学相似和材料相似。上海东方明珠广播电视塔是高度为468m的高次超静定预应力钢筋混凝土高塔结构，1991年同济大学在三向六自由度模拟地震振动台上完成了模型比例为1/50的电视塔结构相似模型的抗震动力试验。模型材料为在结构筒体竖向施加预应力的模型混凝土。试验准确测得了结构的动力特性及在不同烈度地震作用时的结构地震反应和结构的破坏特征。

（2）缩尺模型试验

缩尺模型实质上是原型结构缩小几何比例尺寸的试验代表物。它不需遵循严格的相似条件，可选用与原型结构相同的材料，并按一般的设计规范进行设计和制造。将该模型的试验结果与理论计算对比校核，用以研究结构性能，验证设计假定与计算方法的正确性，并可以将试验结果所证实的一般规律与计算方法推广到原型结构中去。在各种结构设计规范的编制工作中，大量利用这类小结构构件的试验来提供数据、建立公式和制定条文。1974 年建成的上海体育馆的屋盖体系是直径为 125m 的圆形三向钢网架结构，当时就是采用一个比例为 1/20 的缩尺模型来验证该体型网架的变形和内力分布，同时探求在理论计算中不易发现的次应力等问题，试验数据与计算相符，得到了满意的结果。

（3）足尺模型试验

由于建筑结构抗震研究的发展，国内外开始重视对结构整体性能的试验研究。通过试验，可以对结构构造、各构件之间的相互作用、结构的整体刚度以及结构破坏阶段的实际工作进行全面观测了解。1973 年起我国各地先后进行的装配整体式框架结构、钢筋混凝土大板、砖石结均、中型砌块、框架轻板等不同开间、不同层高的足尺模型试验有 10 例之多。其中在 1979 年上海五层硅酸盐砌块房屋的抗震破坏试验中，通过液压同步加载器加载，在国内足尺模型现场试验中第一次比较理想地测得结构物在低周往复荷载下的恢复力特性曲线。

1.3.2　按试验荷载的性质分类

1. 结构静力试验

静力加载试验是结构试验中最大量、最常见的基本试验，这主要是绝大部分建筑结构在工作中所承受的是静力荷载。在荷载作用下研究结构的强度、刚度、抗裂性和破坏机理，一般可以通过重力或各种类型的加载设备来模拟和实现加载的要求。静力加载试验的加载过程是指荷载从零开始逐步递增一直加到试验某一预定目标或结构破坏为止，也就是在一个不长的时间内完成试验加载的全过程。

静力试验的最大优点是加载设备相对来说比较简单，荷载可以逐步施加，还可以停下来仔细观测结构变形的发展，给人们以最明确和清晰的破坏概念。在实际工作中，即使是承受动力荷载的结构，在试验过程中为了了解静力荷载下的工作特性，在动力试验之前往往也先进行静力试验，如结构构件的疲劳试验就是这样。

2. 结构动力试验

随着结构自身功能和使用状态的变化，结构在承受静力荷载的同时，有可能受到不同性质的动力作用。结构动力试验就是研究结构在不同性质动力作用下结构动力特性和动力反应的试验。

（1）结构动力特性试验

指结构受动力荷载激励时，在结构自由振动或强迫振动情况下量测结构固有动力性能的试验。试验可采用人工激振法（自由振动法、强迫振动法）或环境随机激振法，量测结构的自振频率（自振周期）、阻尼系数和结构振型等主要参数。

（2）结构动力反应试验

指结构在动力荷载作用下，量测结构或其特定部位动力性能参数和动态反应的试验。如结构的振幅（动位移）和振动形态、频率或频谱曲线、加速度和动应变的时程曲线以及动力系数等。随着动荷载本身特性的不同，可采用不同的加载设备和试验方法。如可利用风洞设备对结构模型进行抗风试验；可在模爆器内模拟爆炸冲击波对结构模型做抗爆试验；也可利用人工造波设备在水池内造波，模拟海浪对海工结构做动力试验。

3. 结构抗震试验

结构抗震试验是在地震或模拟地震荷载作用下研究结构构件抗震性能和抗震能力的专门试验。地震是一种自然灾害，我国在 20 世纪 70 年代中期唐山地震以后大规模地开展结构抗震研究，结构抗震试验无疑就成为一种重要的研究手段。其中周期性的低周反复加载静力试验偏重于结构构件抗震性能的研究和评定，而非周期性的结构抗震试验则偏重于对结构抗震能力的研究和评定，特别是以模拟地震振动台试验为代表的非周期性抗震动力试验，可以实现在实验室内再现地震的目的，尤为人们重视和关注。

（1）低周反复加载静力试验

低周反复加载静力试验是一种以控制结构变形或控制施加荷载，由小到大对结构构件进行多次低周期反复作用的结构抗震静力试验。它可形成结构构件在正反两个方向加载和卸载的过程，以此模拟地震对结构的作用，并由试验获得结构构件超过弹性极限后的荷载-变形工作性能（恢复力特性）和破坏特征，也可以用来比较或验证抗震构造措施的有效性和确定结构的抗震极限承载能力。由于加载周期远大于结构构件的自振周期，所以它是属于静力试验范畴的一种加载方法，在结构抗震试验中被广泛应用。低周反复加载静力试验又称为伪静力试验、周期性抗震静力试验或结构恢复力特性试验。

（2）拟动力试验

拟动力试验是利用计算机和电液伺服加载器联机系统进行结构抗震试验的又一种试验方法。由计算机控制加载器对结构施加按输入地震加速度时程曲线计算得到的结构某时刻的位移反应，强迫结构再现真实地震反应的变形和承受与此相应的荷载，并由荷载传感器实时测得该时刻的结构恢复力，获得结构在地震波作用下的连续反应，完成荷载模拟、试验加载、数据采集和分析计算等工作，由闭环控制实现整个试验的自动化。其特点是利用计算机控制试验的全过程，使人们在静力状态下测试结构的动力反应。拟动力试验也可称为伪动力试验、非周期性抗震静力试验或计算机加载器联机试验。

（3）模拟地震振动台试验

模拟地震振动台试验指在模拟地震振动台上进行的结构抗震动力试验。利用模拟地震振动台的计算机系统，输入试验需加的地震波，由模拟装置控制电液伺服加载器，按输入地震波的运动规律和地震烈度推动振动台台面运动，并使安装在台面上的试验结构产生相应的惯性力，模拟地震作用的全过程。这种试验的最大优点是可按人们的意图和要求，再现各种形式的地面运动加速度记录，模拟结构受地震作用从弹性到弹塑性到破坏倒塌的受力过程和结构物的破坏现象，是评价结构抗震能力的一种有效的试验方法。

4. 结构疲劳试验

结构疲劳试验指结构构件在等幅稳定、多次重复荷载的作用下，为测试结构疲劳性能而进行的动力试验。量测的疲劳性能参数有疲劳强度和疲劳寿命，即量测结构在液压脉冲疲劳试验机施加多次重复荷载作用下结构疲劳破坏时的强度值和荷载的重复次数。对于工业厂房的吊车梁、设有悬挂吊车的屋架以及预应力构件的锚具等均需要进行疲劳试验。

1.3.3　按试验时间长短分类

1. 短期荷载试验

短期荷载试验是指结构试验时限与试验条件、试验时间或其他各种因素和基于及时解决问题的需要，经常对实际承受长期荷载作用的结构构件，在试验时将荷载从零开始到最后结构破坏或某个阶段进行卸载，整个试验的过程和时间总和仅在一个较短时间段内(如几天、几小时甚至几分钟内)完成的结构试验。当结构受地震、爆炸等特殊荷载作用时，整个试验加载过程只有几秒甚至是毫秒或微秒级的时间，这实际上是一种瞬态的冲击试验，它将属于动力试验范畴。所以严格地讲，短期荷载试验不能代表长年累月进行的长期荷载试验。这种由于具体客观因素或技术的限制所产生的影响，必须在试验结果的分析和应用时加以考虑和进行修正。

2. 长期荷载试验

长期荷载试验是指在长期荷载作用下研究结构变形随时间变化规律的试验。如混凝土结构的徐变、预应力结构钢筋的松弛等都需要进行静力荷载作用下的长期试验。长期荷载试验也可称为持久试验，它将连续进行几个月或几年时间。为了保证试验的精度，对试验环境要有严格控制，如保持恒温恒湿，防止振动影响，所以长期荷载试验一般是在实验室内进行。如果能在现场对实际工程中的结构构件进行系统长期的观测，则这样积累和获得的数据资料对于研究结构的实际工作性能、进一步完善和发展结构的实践和理论将具有更为重要的意义，这种试验也称为结构健康监测。

1.3.4　按试验所在场地分类

1. 实验室结构试验

结构实验室是为进行结构构件试验而专门建设的场所。它可以安装大型试验装置，应用先进试验设备和精密的量测仪器，人为地创造一个适宜的试验环境，减少和消除各种不利因素对试验的影响，获得良好的工作条件，保证试验的准确度，因此它更适宜进行科学研究性的试验；实验室试验的对象可以是真型或模型，结构可以一直试验到破坏。近年来大型结构实验室的建设，特别是应用电子计算机控制试验，为发展足尺结构的整体试验和实现结构试验的自动化提供了更为有利的工作条件。

2. 现场结构试验

现场试验是指在生产或施工现场进行的实际结构的试验，较多用于进行生产性试验，试验对象主要是正在生产使用的已建结构或是将要投入使用的新结构。由于受客观环境条件的干扰和影响，其在使用高精度高灵敏度的观测仪表设备时经常会受到限制，因此试验精度和准确度较差。特别是由于没有实验室内固定的加载设备和试验装置，对试验加载会带来较大的困难。

1.3.5　按试件是否破坏分类

1. 结构破坏试验

大部分结构研究，要求通过荷载试验了解结构从弹性到弹塑性直到极限破坏各个阶段工作性能的全过程，分析结构在超载后的工作情况、破坏机制并获得结构安全储备，因此一般试验均需进行到结构破坏，特别是科研性试验更有这种要求。

2. 结构非破坏试验

大部分生产性的结构试验，是为了综合鉴定重要工程的设计和施工质量，检验已建结构的可靠性和剩余寿命，以及处理受灾结构或对有质量事故的工程进行结构加固，通过试验既要获得这些试验对象的结构强度刚度的有关性能参数，又不能使结构受损而影响以后的生产和使用，这种场合可采用结构加载的非破坏性试验。

刚度检验法是以结构在弹性阶段的性能检验为主，一般以 30%~60% 的设计荷载进行加载，测得结构变形和材料的应变与理论计算结果对比，如果符合得较好，可以承认试验结构和材料的可靠性。

承载力检验法一般加载到小于极限荷载的某一预定荷载值，检测结构受载后的反应。由于结构抗力分布的随机性和实际加载可能产生的误差，因此要特别注意有可能接近极限荷载从而引起结构破坏的危险性。

建筑结构试验技术的形成与发展，与建筑结构实践经验的积累和试验仪器设备及量测技术的发展有着极为密切的关系。由于结构试验应用的日益广泛，目前几乎每一个重要工程的新结构都在经过规模或大或小的检验后才投入使用，建筑设计规范的制定和建筑结构理论的发展亦与试验研究紧密联系。近代仪器设备和量测技术的发展，特别是非电量电测、自动控制和电子计算机等先进技术和设备应用到结构试验领域，为试验工作提供了有效的工具和先进的手段，使试验的加载控制、数据采集、数据处理以及曲线图表绘制等实现了整个试验过程的自动化。国内科研机构、高等院校及生产单位等新建的结构实验室和科技工作者对结构试验技术的研究，也为建筑结构试验学科的发展在理论上和物质上提供了有利条件。

当今科学实验已经成为一种独立的社会实践，它将有力地促进生产的发展。建筑结构试验将与其他科学实验工作一样，必然会对建筑科学的发展产生巨大的促进和推动作用。

第2章 结构试验设计

2.1 结构试验设计概述

结构试验包括结构试验设计、试验准备、试验实施和试验分析等主要环节。每个环节的工作内容和它们之间的关系如图2-1所示。

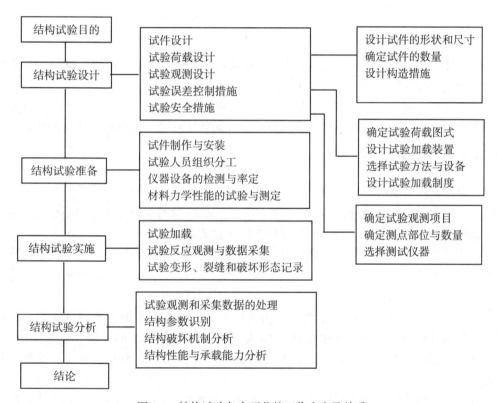

图2-1 结构试验各个环节的工作内容及关系

结构试验就是在结构物或试验对象(实物或模型)上,使用仪器设备为工具,利用各种实验技术为手段,在荷载(重力、机械扰动力、地震力、风力等)或其他因素(温度、变形)作用下,通过量测与结构工作性能有关的各种参数(变形、挠度、应变、振幅、频率等),从承载力(稳定)、刚度和抗裂性以及结构实际破坏形态来判明建筑结构的实际工作性能,估计结构的承载能力,确定结构对使用要求的符合程度,并用以检验和发展结构的计算理论。

在进行结构试验设计时,首先应该反复研究试验的目的,充分了解本项试验研究或生产鉴定的任务要求。然后可通过调查研究并收集有关资料,确定试验的性质与规模,进行试件的设计,选定试验场所,拟定加载与量测方案,设计专用的试验设备、配件和仪表附件夹具,制订安全措施等。除技术上的安排外,还必须针对试验的规模去组织试验人员,并提出试验经费预算以及消耗性器材数量与试验设备清单。在上述规划的基础上,提出试验方案。

对于以具体结构为对象的工程现场鉴定性试验,在进行试验设计前必须对结构物进行实地考察,通过调查研究,收集有关文件、设计资料、施工日记、材料性能试验报告及施工质量检查验收记录等,关于使用情况则需要深入现场向使用者(生产操作工人、居民)调查了解,对于受灾损伤的结构,还必须了解受灾的起因、过程及结构的现状。对于实际调查的结果要加以整理,作为进行试验设计的依据。

2.2　结构试验的试件设计

作为结构试验的试件可以取为实际结构(原型)的整体或者是它的一部分,当不能采用原型结构进行试验时,也可用 1∶1 的足尺模型或缩小比例的缩尺模型。

试件设计应包括试件形状的选择、试件尺寸与数量的确定以及构造措施的研究考虑,同时必须满足结构与受力的边界条件、试件的破坏特征、试件加载条件的要求。

2.2.1　试件形状

在设计试件形状时,最重要的是要造成和设计目的相一致的应力状态。对于从整体结构中取出部分构件单独进行试验时,特别是在比较复杂的超静定体系中必须要注意其边界条件的模拟,使其能如实反映该部分结构构件的实际工作。

试件是从整体结构中隔离出来的部件,在取隔离体时应采用容易模拟试件的边界受力状态。例如,可取结构反弯点作为试件的边界,在该边界上只有轴力和剪力,没有弯矩,加载时只需施加轴力和相应的水平剪力,容易在试验中实现。

当对如图 2-2(a)所示受水平荷载作用的框架进行应力分析时,若做 A-A 部位的柱脚、柱头部分试验时,试件要如图 2-2(b)设计;若做 B-B 部位的试验,试件如图 2-2(c)设计;如果将梁按图 2-2(d)、图 2-2(e)那样设计,则其应力状态可与设计目的相一致。

做钢筋混凝土柱的试验研究时,若要探讨其挠曲破坏性能,如图 2-2(h)的试件是足够的,但若作剪切性能的探讨,则反弯点附近的应力状态与实际应力情况有所不同,因此有必要采用图 2-2(i)中的适用于反对称加载的试件。

在做梁柱连接的节点试验时,采用如图 2-2(f)所示的十字形试件,节点两侧梁柱的长度一般均取 1/2 梁跨和 1/2 柱高,即按框架承受水平荷载时产生弯矩的反弯点(M = 0)的位置来决定。边柱节点可采用 T 字形试件。为了避免在试验过程中梁柱部分先于节点破坏,必须事先对梁柱部分进行加固。当试验目的为了解初始设计应力状态下的性能,并同理论作对比时,可以采用如图 2-2(g)所示的 X 形试件。

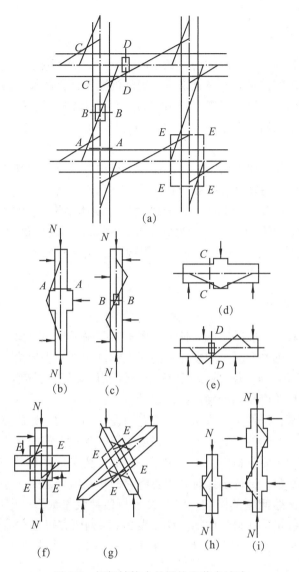

图 2-2　框架结构中的梁柱和节点试验

砖石与砌块试件主要用于墙体试验，可以采用带翼缘或不带翼缘的单层单片墙，也可采用双层单片墙或开洞墙体的砌体试件，如图 2-3 所示。对于纵墙，由于外墙有大量窗口，试验可采用有两个或一个窗间墙的双肢或单肢窗间墙试件(图 2-4)。

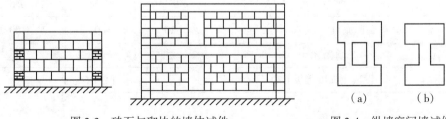

图 2-3　砖石与砌块的墙体试件　　　　图 2-4　纵墙窗间墙试件

31

2.2.2 试件尺寸

结构试验所用试件的尺寸和大小，从总体上分为原型(实物结构)和模型两个大类。

从国内外已发表的试验研究文献来看，钢筋混凝土试件的尺寸其中小试件可以小到构件截面只有几厘米，大尺寸可以大到结构物的原型或1:1足尺模型。

国内试验研究中采用的框架截面尺寸大约为原型的1/4~1/2，还做过3~5层的足尺轻板框架试验。

框架节点一般为原型比例的1/2~1，这和节点中要求反映配筋和构造特点有关。为能较好地反映结构的构造特征，一般应在试验条件允许的情况下尽量把试件做大。

总之，对于静力试验，一般取较大的比例尺，砌体结构模型常取1:1。而对于动力试验，由于受振动台等加载设备能力的限制，常取较小的比例尺，例如砌体结构为1/10~1/4；混凝土结构为1/40~1/4，对高层或超高层结构模型，常取1/25~1/50；对于有机玻璃整体模型，常取1/25~1/100。

2.2.3 试件数量

对于生产性试验，一般按照试验任务的要求有明确的试验对象。对于预制厂生产的一般工业与民用建筑钢筋混凝土和预应力混凝土预制构件的质量检验和评定，则可以按照《混凝土结构工程施工质量验收规范》中结构性能检验规定，确定试件数量。对于其他预制构件，应按相关产品标准确定试件数量。

对于科研性试验，试件是按照研究要求专门设计制造的，如研究钢筋混凝土短柱抗剪强度试验时，具有影响的参数有混凝土强度等级、受拉钢筋配筋率、配箍率、轴向应力和剪跨比等，称为主要分析因子。而对每一参数又要考虑几种状态，如剪跨比 $\lambda = 2$，3，4，…，称为水平数。试件设计时必须要将它们相互组合起来，才能研究各个参数与其相应各种状态对试验问题的影响。因此参数与各种状态愈多，即因子数与水平数愈多，则要求的试件数量也就自然增加。如按表2-1所列研究短柱抗剪强度时，混凝土只用一种强度等级C20，实际因子数为4，水平数位3时，由表2-2可见要求试件数为81个。

表2-1   钢筋混凝土短柱抗剪强度试验分析因子与水平数

主要分析因子	因子差别(水平数)	1	2	3
A	受拉钢筋配筋率 ρ	0.4	0.8	1.2
B	配箍率 ρ_s	0.2	0.33	0.5
C	轴向应力 σ_c (N/mm²)	20	60	100
D	剪跨比 λ	2	3	4
E	混凝土强度等级C20	13.5N/mm²		

表 2-2　　　　　　　　　　　　　　　试件组合数目

主要因子＼水平数	2	3	4	5
1	2	3	4	5
2	4	9	16	25
3	8	27	64	125
4	16	81	256	625
5	32	243	1024	3215

采用正交试验设计法的正交表 $L_9(3^4)$ 并按表 2-3 组合设计时，当因子数为 4 和每个因子有 3 个水平数时，组成的试件数为 9 个，即按原来要求的 81 个试件可以综合为 9 个试件。由此可见，正交试验设计可以只需要少量的试件就可得到主要的信息，对研究问题作出综合评价。不足之处是不能提供某一因子的单值变化与试验目标之间的函数关系。

表 2-3　　　　　　　　　　　正交表 $L_9(3^4)$ 试件因子组合

试件 No.	A	B	C	D
	$\rho/(\%)$	$\rho_s/(\%)$	$\sigma_c/(\mathrm{N/mm^2})$	λ
1	A_1　0.4	B_1　0.200	C_1　20	D_1　2
2	A_1　0.4	B_2　0.330	C_2　60	D_2　3
3	A_1　0.4	B_3　0.500	C_3　100	D_3　4
4	A_2　0.8	B_1　0.200	C_2　60	D_3　4
5	A_2　0.8	B_2　0.330	C_3　100	D_1　2
6	A_2　0.8	B_3　0.500	C_1　20	D_2　3
7	A_3　1.2	B_1　0.200	C_3　100	D_2　3
8	A_3　1.2	B_2　0.330	C_1　20	D_3　4
9	A_3　1.2	B_3　0.500	C_2　60	D_1　2

2.2.4　结构试验对试件设计的要求

在试件设计中还必须同时考虑试件安装、加载、量测的需要，在试件上作出必要的构造措施，这对于科研试验尤为重要。例如混凝土试件的支承点应埋设钢垫板（图 2-5(a)）；在屋架试验受集中荷载作用的位置上应埋设钢板，以防止试件受局部承压而破坏；试件加载面倾斜时，应作出凸缘(图 2-5(b))，以保证加载设备的稳定设置；在钢筋混凝土框架试验时，为了框架端部侧面施加反复荷载的需要，应设置预埋构件以便与加载用的液压加载器或测力传感器连接；为了保证框架柱脚部分与试验台的固接，一般均设置加大截面的基础梁(图 2-5(c))；在砖石或砌块的砌体试件中，为了使施加在试件的垂直荷载能均匀传递，一般在砌体试件的上下均应预先浇捣混凝土的垫块(图 2-5(d))；对于墙体试件在墙体上下均应设置混凝土垫梁，其中下面的垫梁可以模拟基础梁，使之与试验台座固定，上面的垫梁模拟过梁传递竖向荷载（图2-5（e））；在做钢筋混凝土偏心受压构件试验时，在试件两端作成牛腿以增大端部承压面积和便于施加偏心荷载（图2-5（f）），并在上下端加设分布钢筋网进行加强。

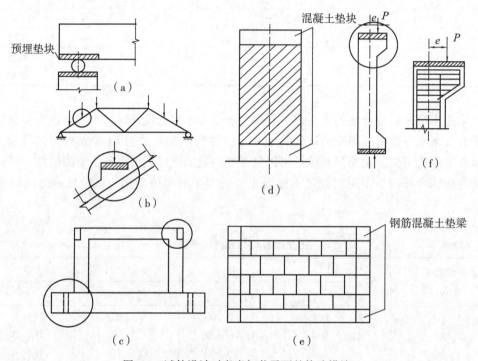

图2-5 试件设计时考虑加载需要的构造措施

在科研性试验中为了保证结构或构件在预定部位破坏，以期得到必要的测试数据，就需要对结构或构件的其他部位事先进行局部加固。

为了保证试验量测的可靠性和仪表安装的方便，在试件内必须预设埋件或预留空洞。对于为测定混凝土内部应力的预埋元件或专门的混凝土应变计、钢筋应变计等，应在浇注混凝土前，按相应的技术要求用专门的方法就位固定埋设在混凝土内部。

2.3 结构试验的荷载设计

2.3.1 试验加载图式的选择与设计

试验时的荷载应该使结构处于某一种实际可能的最不利的工作状态。试验时荷载的图式要与结构设计计算的荷载图式一样。这时，结构的工作和其实际情况最为接近。但是，在试验时也常常由于下列的原因采用不同于设计计算所规定的荷载图式。

①对设计计算时采用的荷载图式的合理性有所怀疑，因而在试验时采用某种更接近于结构实际受力情况的荷载布置方式。

②由于受试验条件的限制，为了加载的方便和减少荷载量，在不影响结构的工作和

试验结构分析的前提下，可以改变加载的图式。

例如，可用几个集中荷载来代替均布荷载，但集中荷载的数量与位置应尽可能地符合均布荷载所产生的内力值，这时，试验荷载的大小要根据相应等效条件换算得到。这些等效条件包括位移等效、应力等效。采用这样方法的荷载叫做等效荷载。采用等效荷载时，必须对某些参数进行修正。例如，当构件满足强度等效时，整体变形（如挠度）一般不等效，需对所测变形进行修正。

2.3.2 试验加载装置的设计

为了保证试验工作的正常进行，试验加载的设备装置也必须进行专门的设计。在使用试验室内现有的设备装置时，也要按每项试验的要求对装置的强度和刚度进行复核计算。

对于加载装置的强度，首先要满足试验最大荷载量的要求，并保证有足够的安全储备，同时要考虑到结构受载后有可能使局部构件的强度有所提高，以致试件的最大承载力常比预计的大，所以在进行试验设计时，加载装置的承载能力要求至少提高 70% 左右，以保证加载装置的刚度。

与强度相比，试验加载装置的刚度要求尤为重要，如果刚度不足，将难以获得试件极限荷载后的变形和受力性能。

设计试验加载装置要求能符合结构构件的受力条件，要求能模拟结构构件的边界条件和变形条件。

在加载装置中还必须注意试件的支承方式。在梁的弯剪试验中，在加载点和支承点的摩擦力均会产生次应力，使梁所受的弯矩减小。当支承反力增大时，滚轴可能产生变形，甚至接近塑性，会有非常大的摩擦力，使试验结果产生误差。

2.3.3 结构试验的加载制度

试验加载制度是指结构试验进行期间控制荷载与加载时间的关系。它包括加载速度的快慢、加载时间间歇的长短、分级荷载的大小和加载卸载循环的次数等。结构构件的承载能力和变形性质与其所受荷载作用的时间特征有关。不同性质的试验必须根据试验的要求制订不同的加载制度。

对于预制混凝土构件在进行质量检验评定时，可按《混凝土结构工程施工质量验收规范》附录 C 预制构件结构性能检验方法的规定进行。一般混凝土结构静力试验的加载程序可按《混凝土结构试验方法标准》的规定。对于结构抗震试验则可按《建筑抗震试验规程》的有关规定进行设计，其他生产性试验应按照相应标准进行。

2.4 结构试验的观测设计

2.4.1 观测项目的确定

在确定试验的观测项目时，首先应该考虑反映结构整体工作和全貌的整体变形，如结构挠度、转角和支座偏移等。通过挠度的测量不仅能了解结构的刚度，而且可以知道结构的弹性或非弹性工作性质，挠度的不正常发展还能反映出结构中某些特殊的局部现象。转角的测定往往用来分析超静定连续结构。

对于某些试验，反映结构局部工作状况的局部变形也是很重要的，如应变、裂缝和钢筋的滑移等。对于动力加载试验，还需测量试件的加速度等反应。

2.4.2 测点的选择和布置

利用结构试验仪器对结构物或试件进行变形和应变测量时，在满足试验目标的前提下，测点应是宜少不宜多。任何一个测点的布置都应该服从于结构分析的需要。

测点的位置必须要有代表性，结构物的最大挠度和最大应力部位上必须布置测点，称为控制测点。如果目的不是要说明局部缺陷的影响，就不应该在有显著缺陷的截面上布置测点。

在测量工作中，由于部分测量仪会发生故障以及很多偶然因素影响量测数据的正确性，为了保证测量数据的可靠性，还应该布置一定数量的校核性测点。校核测点可以布置在结构物的边缘凸角和零应力的构件截面或杆件上，也可以布置在理论计算比较有把握的区域，此外我们还经常利用结构本身和荷载作用的对称性，在控制测点相对称的位置上布置一定数量的校核测点。

2.4.3 仪器的选择与测读原则

①试验所用仪器要符合量测所需的精度要求，一般的试验，要求测定结果的相对误差不超过5%也就可以了。因此，应使仪表的最小刻度值不大于5%的最大被测值。

②仪器的量程应该满足试验最大量测需要。最大被测值宜为仪器满量程的 $1/5 \sim 2/3$，一般最大被测值不宜大于选用仪表最大量程的80%。

③如果测点数很多而且测点又位于很高很远的部位，这时应采用电测仪表，对埋于结构内部的测点只能用电测仪表。

④选择仪表时必须考虑测读方便省时，应首选数据自动采集设备。

⑤为了避免差错，同类参数的量测仪器应尽可能选用一样的型号规格，而常在校核测点上使用另一种类型的仪器，以便比较。

⑥动测试验使用的仪表，尤其应注意仪表的线性范围、频响特性和相位特性要满足量测的要求。

2.5 材料力学性能与结构试验的关系

2.5.1 概述

一个结构或构件的受力和变形特点，除受荷载等外界因素影响外，还要取决于组成这个结构或构件的材料内部抵抗外力的性能。充分了解材料的力学性能，对于在结构试验前或试验过程中正确估计结构的承载能力和实际工作状况，以及在试验后整理试验数据、处理试验结果等工作都具有非常重要的意义。

在结构试验中按照结构或构件材料性质的不同，必须测定相应的一些最基本的数据，如混凝土的抗压强度、钢材的屈服强度和抗拉极限强度、砖石砌体的抗压强度等。在科学研究性的试验中为了了解材料的荷载-变形、应力-应变关系，需要测定材料的弹性模量，有时根据试验研究的要求，尚须测定混凝土材料的抗拉强度以及各种材料的应力应变曲线等有关数据。

在测量材料各种力学性能时，应该按照国家标准或部颁标准所规定的标准试验方法进行，对于试件的形状、尺寸、加工工艺及试验加载、测量方法等都要符合规定的统一标准。

在建筑结构抗震研究中，根据地震荷载作用的特点，在结构上施加周期性反复荷载，结构将进入非线性阶段工作，因此相应的材料试验也须要在周期性反复荷载下进行，这时钢材将会出现包辛格效应，对于混凝土材料就需要进行应力-应变曲线全过程的测定，特别要测定曲线的下降段。

2.5.2　材料力学性能的试验方法对强度指标的影响

材料的力学性能指标是由钢材、钢筋和混凝土等各种材料分别制成的标准试样或试块进行试验结果的平均值。由于材质的不均匀性等原因，测定的结果必然会有较大的波动，尤其当试验方法不妥时，波动值将会更大。

长期以来人们通过生产实践和科学实验发现试验方法对材料强度指标有着一定的影响，特别是试件的形状、尺寸和试验加载速度对试验结果的影响尤为显著，对于同一种材料，仅仅由于试验方法与试验条件的不同，就会得出不同的强度指标。下面我们就混凝土材料来作进一步的说明。

1. 试件尺寸与形状的影响

在国际上各国混凝土材料强度测定用的试件有立方体和圆柱体两种。按照我国《普通混凝土力学性能试验方法》规定，采用 $150mm×150mm×150mm$ 立方体试件为测定抗压强度的标准试件，采用 $h/a = 2:1$ 的 $150mm×150mm×300mm$ 棱柱体试件（h 为试件的高度，a 为试件的边长），为测定混凝土轴心抗压强度和弹性模量的标准试件。国外采用圆柱体试件时，试件为 $h/d = 2:1$ 的 $\Phi100mm×200mm$ 或 $\Phi150mm×300mm$ 圆柱体（h 为圆柱体高度，d 为圆柱体直径）。

随着材料试件尺寸的缩小，在试验中出现了混凝土强度有系统地稍有提高的现象。截面较小而高度较低的试件得出的抗压强度偏高，这可以归结为试验方法和材料自身的原因等两个方面的因素，试验方法问题可解释为试验机压板对试件承压面的摩擦力所起的箍紧作用，由于受压面积与周长的比值不同而影响程度不一，对小试件的作用比对大试件要大。材料自身的原因是由于内部存在缺陷（裂缝）的分布，表面和内部硬化程度的差异在大小不同的试件中起不同影响，随试件尺寸的增大而增加。

采用立方体或棱柱体的优点是制作方便，试件受压面是试件的模板面，平整度易于保证。但浇捣时试件的棱角处都由砂浆来填充，因而混凝土拌合物的颗粒分布不及圆柱体试件均匀。由于圆形截面边界条件均一性好，所以圆柱体截面应力分布均匀。此外圆柱体试件外形与钻芯法从结构上钻取的试样一致。但由于圆柱体试件是立式成型，试件的端面即是试验加载的受压面，比较粗糙，因此造成试件抗压强度的离散性较大。

2. 试验加载速度的影响

在测定材料力学性能试验时，加载速度愈快，即引起材料的应变速率愈高，则试件的强度和弹性模量也就相应提高。

钢筋的强度随加载速度的提高而加大。如图 2-6（a）所示，图中的数字 $\dot{\varepsilon}$ 为应变速率；t_s 为达到屈服的时间，反映了加载速度。

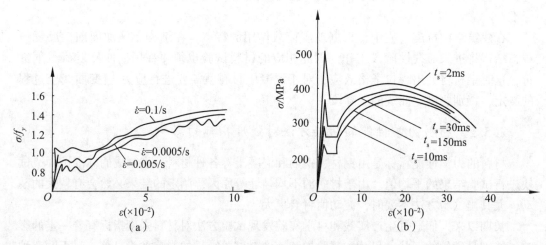

图 2-6　钢筋在不同应变速率下的应力应变关系

混凝土尽管是非金属材料，但也和钢筋一样，随着加载速度的增加而提高其强度和弹性模量。特别在很高应变速率的情况下，由于混凝土内部细微裂缝来不及发展，初始弹性模量随应变速率加快而提高。图 2-7 表示了应变速率对混凝土应力-应变曲线的影响。

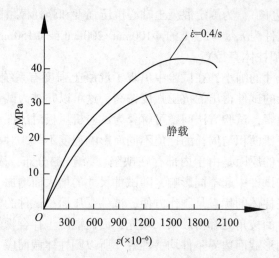

图 2-7　不同应变速率的混凝土应力-应变曲线

2.6　结构试验的影响因素

2.6.1　试件尺寸

混凝土试件在制作、浇筑过程中将产生模板尺寸误差、胀模等,引起试件外形尺寸误差。另外,绑扎钢筋、振捣等会引起钢筋位置和保护层厚度等误差,钢筋的尺寸也会有偏差。

砌体试件因为块材性质的离散性以及施工技术的影响,会导致试件的平整度、垂直度和实际尺寸的误差。

钢结构试件由于购买的材料尺寸误差、加工技术的影响等也会导致试件尺寸误差。

为了减小试件尺寸误差对试验结果的影响,试验前必须量测试件的外形尺寸及各部件的截面尺寸,试验后应打开试件,量测试件内部的主要部件尺寸。试验结果分析时,应采用试件的实际尺寸。

2.6.2　材料性能

在结构试验中,试件的受力和变形除受荷载作用等外界因素影响外,还取决于试件的组成材料,因此材料的力学性能直接影响试件的质量。试验中都由材料的试块来确定材料的性能,并据此计算试件的变形和承载能力。由材料标准试件试验确定的材料强度、本构关系是名义上的,因材料本身的离散性和试验方法等因素,使试验得到的名义力学性能与实际值之间存在着误差,这样也会将这种误差带到结构试验的结果中去。

减少材料性能误差的方法是要求确定材料性能的试块与结构试件应具有同一性。对混凝土而言,即要求同一批拌制,有相同的模板成型、相同的振捣和养护条件、相同时间拆模和相同时间试验。对于砌体试件,要求同批次块材、同一批拌制的砂浆、同一位工人砌筑、相同的养护条件和相同的时间试验。对钢材来说,由于材料匀质性较好,一般可以同级、同批、同直径取样作为代表,如能按试件主筋逐根取样,则减少误差更为显著。

2.6.3　试件安装

试件安装就位前要仔细定出支座反力作用线的位置,注意试件安装就位的正确位置,防止受荷试件的试验跨度与计算简图不一致。

要确定出荷载作用点的位置,避免因荷载偏心而出现平面外破坏,或附加额外的力矩。

支座的约束条件应与计算严格一致,防止支座变形增加摩擦力,产生次弯矩或局部应力集中,防止因支承面不平整引起扭转或出现平面的变形和倾覆。

2.6.4　试验设备

试验设备因未定期计量标定,或试验维护不当,产生荷载、变形或传感器测试误差等。为了减小设备误差,应对加载设备进行定期计量标定,对测试设备应进行定期标定,并在试验前进行校核。

2.6.5 试验方法

混凝土试件、砌体试件由于试验方法不同，例如，加载速率不同，测得的材料强度和弹性模量也不同。为了减少试验方法非标准而产生的误差，在测定材料力学性能时，试件的尺寸形状、加载设备和加载方式方法等都应有相应标准作严格规定。

2.6.6 试验数据分析

由于有效数字、频响范围等存在一定的误差，建议采用更高解析率的方法减小这种试验数据分析误差。

2.7 结构试验方案和试验报告

2.7.1 结构试验方案

结构试验设计的最终结果是要求拟定一个试验方案或试验大纲，并汇总所有设计的有关资料和文件，试验方案是进行整个试验工作的指导性文件，它的内容详略程度视不同性质的试验而定，一般应包括以下各方面的内容：

①试验目的，明确通过试验要解决的问题和达到的目的。

②试件设计及制作要求，包括试件设计的理论依据、计算分析，确定试件形状、试件尺寸、试件数量。

③辅助试验内容，明确辅助试验的目的，试件种类、数量及尺寸，试件制作要求，试验方案等。

④试件安装，试件支座装置，辅助装置等。

⑤加载方法，包括加载设备、加载装置、加载图式、加载程序等，明确荷载数量和种类。

⑥测量方法，包括测点布置、仪器仪表选择、安装方法、测量程序等。

⑦试验过程的观察，包括除仪器仪表读数外的其他方面的所有观察记录，例如裂缝出现的部位及对应的荷载工况，裂缝的发展过程等。

⑧安全措施。

⑨试验进度计划。

⑩附件，如经费、仪器仪表清单等。

除试验方案外，每个结构试验从规划到最终完成尚应包括以下文件：

①试件施工图及制作要求说明书。

②试件制作过程及原始记录(包括各部分实际尺寸及疵病等情况)。

③如需自制试验设备，则需绘制加工图纸，保存相关设计资料。

④加载装置及仪表编号、布置图。

⑤仪表读数记录表，如由数据采集系统自动记录，则应保存相关文档，作为原始记录。

⑥量测过程记录，包括照片、录像、现场测绘的图表等。

⑦试件材料及原材料性能的测定。

⑧试验数据的整理分析及试验结果总结，包括整理分析所依据的计算公式、标准、规范等。

⑨试验工作日志。

以上文件都是原始资料，在试验工作结束后均应整理、装订成册，并由相关人员签字，归档保存。

2.7.2　结构试验报告

试验报告是全部试验工作的集中反映，它概括了整个试验及其成果的主要内容。编写试验报告应力求精简扼要。试验报告有时可以不单独编写，而作为整个研究报告的一部分。

试验报告的内容一般包括：

①试验目的。

②试验对象的简介和考察。

③试验方法及依据。

④试验情况及问题。

⑤试验成果处理与分析。

⑥技术结论

⑦附录。

结构试验必须在一定的理论基础上才能有效地进行。试验的成果为理论计算提供了宝贵的资料和依据，决不可凭借一些观察到的表面现象而妄下结论，一定要经过周详的考察和理论分析，才可能对结构作出正确的符合实际的结论。

2.8　试验方案实例

例 2-1　广州西塔整体模型模拟地震振动台试验方案

本例设计的仪器设备、振动台试验、模型相似设计和模型材料等内容参见第 3 章、第 6 章和第 8 章内容，试验结果见第 6 章实例。

1. 建筑结构概况及研究目的

广州西塔建筑面积约为 247,000m²，平面近似正三角形，由 6 段曲率不同的圆弧连成，立面呈透明光滑的独特曲线型。地下 4 层，主要包括零售区、停车场、货物区和设备区，负 4 层板面标高−18.7m；地上 103 层，其中 1~3 层为大厅，4~67 层为办公楼，67~103 层为旅馆、餐饮层，顶标高 432m。

广州西塔为筒中筒结构，外筒由钢管混凝土斜交网格柱构成，内筒 67 层以下为钢筋混凝土核心筒，67 层以上为斜交钢框架与角部墙体共同构成内筒，结构示意见图 2-8。

广州西塔结构总高 432m，超过规范限值，属超高层结构；内筒在 67 层处由钢筋混凝土核心筒变为斜交钢框架，存在结构竖向布置不规则。根据《建筑抗震设计规范》（GB 50011—2010）、《混凝土结构设计规范》（GB 50010—2010）、《高层建筑混凝土结构技术规程》（JGJ3—2010）等我国现行规范、规程的规定，广州西塔结构体型复杂，高度超限，竖向布置存在不规则，超过现有规范、规程的条文规定，属于复杂高层结构体系。该塔结构形式特殊，受力机理复杂，因此，应在整体结构层面对结构的抗震性能进行深入试验研究，以更充分地把握结构特点，反映结构的薄弱环节，为结构合理设计提供依据。

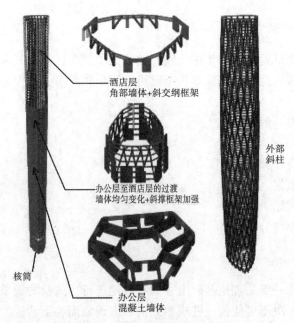

图 2-8　广州西塔结构示意图

2. 试验研究内容

本项目采用有机玻璃模型模拟地震振动台试验方法来研究广州西塔整体结构的抗震性能，特别是结构超高、竖向布置不规则对整体结构抗震性能的影响。通过振动台模型试验，研究内容如下：

①测定模型的动力特性，包括自振周期、振型、阻尼等，根据相似关系推知实际结构的动力特性，与计算模型的计算机分析结果作比较。

②测定关键层关键部位的应力。

③结构的 $P\text{-}\Delta$ 效应，以及竖向荷载作用下，不同楼层楼盖梁板的拉应力。

④结构的鞭梢效应。

⑤考查模型在 7 度小震、7 度设防烈度、7 度大震下的反应情况，如果可能，考查结构在 8 度大震下的反应情况。

⑥输入多条满足相似要求的随机地震波，得到模型的弹性动力反应，包括加速度反应、位移反应及应变反应。根据相似关系，推知实际结构在给定设计地震作用下的弹性位移及内力，与实际结构的计算机分析结果作比较。

⑦考查结构破坏时达到的地震烈度，结合计算机的分析结果，判断结构可能的薄弱部位。

⑧根据试验结果判断结构地震反应是否满足有关规范要求,评价结构的总体抗震性能。

⑨对结构抗震设计提出评价或建议,并提出改进意见。

3. 模型设计与制作

在模型设计制作时,嵌固端取为地下 4 层板顶,考虑原结构总高 430.7m。结合广州西塔结构抗震专项审查报告及振动台性能参数(表 2-4),设计整体结构模型相似系数见表 2-5。

根据模型相似关系,采用附加质量法,满足重力相似的动力相似要求。模型材料为有机玻璃,模型外筒斜柱、内筒核心筒、斜撑框架、楼盖梁板构件设计时,按可控制截面的承载能力相似和刚度相似进行设计。

表 2-4　　　　　　　　　　　同济大学模拟地震振动台性能参数

性能		指标
最大负载		25t
台面尺寸		4m×4m
激振方向		X,Y,Z 三方向
控制自由度		六自由度
振动激励		简谐振动、冲击、地震
最大驱动位移		X:±100mm、Y,Z:±50mm
最大驱动速度		X:1000mm/s、Y,Z:600mm/s
最大驱动加速度	X	4.0g(空台)、0.8g(满载)
	Y	2.0g(空台)、0.6g(满载)
	Z	4.0g(空台)、0.5g(满载)
范围频率		0.1~50Hz
数据采集系统		STEXPRO,128 通道

注:X、Y 为水平方向,Z 为竖直方向。

表 2-5　　　　　　　　　　　广州西塔整体结构模型相似设计

物理性能	物理参数	相似系数	备注
几何性能	长度	1/80	控制尺寸
材料性能	应变	1.0	控制材料
	弹性模量	0.1	
	应力	0.1	
	质量密度	4.0	
	质量	$7.81×10^{-6}$	

物理性能	物理参数	相似系数	备注
荷载性能	集中力	1.56×10^{-5}	
	弯矩	1.95×10^{-7}	
动力性能	周期	0.079	
	频率	12.6	
	速度	0.16	
	加速度	2.0	控制试验
	重力加速度	1.0	
模型高度	约5.7m		
模型质量	约3t	含配质量	

4. 模拟地震振动台试验方法

模拟地震振动台试验的台面激励的选择主要根据地震危险性分析、场地类别和建筑结构动力特性等因素确定。试验时根据模型所要求的动力相似关系对原型地震记录作修正后,作为模拟地震振动台的输入。根据设防要求,输入加速度幅值从小到大依次增加,以模拟多遇到罕遇不同水准地震对结构的作用。

模型结构在振动台上的安装位置示意图如图 2-9 所示,模型中心置于振动台中心,模型 X 轴与振动台强轴(X 轴)重合。

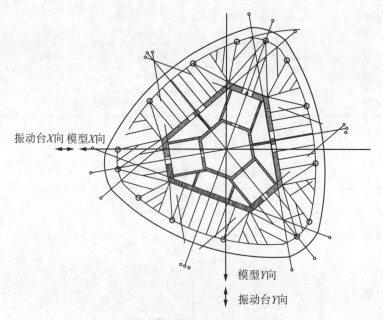

图 2-9　试验模型在振动台上的安装位置

（1）测点布置

试验过程中，根据需要采集模型结构不同部位的加速度、位移和应变等数据，并根据采集结果分析模型结构的地震响应。同时，试验过程中还可以对结构变形进行宏观观察。

根据广州西塔的结构特点，在结构的关键部位，如转换层、外部斜交柱节点、剪力墙以及剪力墙上的内柱、节点层主梁等部位，依次布置相应的传感器，具体位置如以下所述。

应变测点分布在剪力墙、外部斜交柱节点、剪力墙以及剪力墙上的内柱、节点层主梁等部位上，用于监测其在各种地震工况下的应力变化情况。本试验拟在结构模型上布置 25 个应变片（S1~S25），即应变传感器共布置 25 个通道。其中：

①9 个通道形成应变花（S1~S3、S13~S15、S21~S23），布置在第 1 层、第 69 层、第 97 层（节点层）核心筒下部；

②4 个应变片布置外部斜交柱节点处；

③4 个应变片布置在节点层楼板下面的主梁下翼缘处（点 T、点 S）；

④4 个应变片布置在第 71 层、第 101 层核心筒内柱上（点 J、点 K、点 M、点 N）；

⑤2 个应变片（S18、S19）布置在第 72 层转换梁上（点 L、点 H）；

⑥2 个应变片布置在环梁上。

位移计共布置 14 个，在平面上设置 B 和 D 2 个测点。共有 7 个楼层布置位移计，每层两个（分别为 X、Y 向）。

加速度计共布置 30 个，在平面上设置 A 和 C 2 个测点。每楼层布置的加速度计数量均为 3 个。同一层中，计划在测点 A 设置 2 个加速度计，分别沿 2 个相互垂直的方向，测点 C 设置 1 个加速度计。

应变计、加速度计、位移计布置情况详见图 2-10~图 2-15。

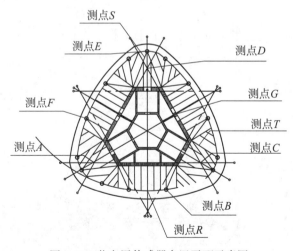

图 2-10　节点层传感器布置平面示意图

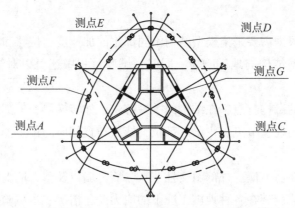

图 2-11　非节点层传感器布置平面示意图

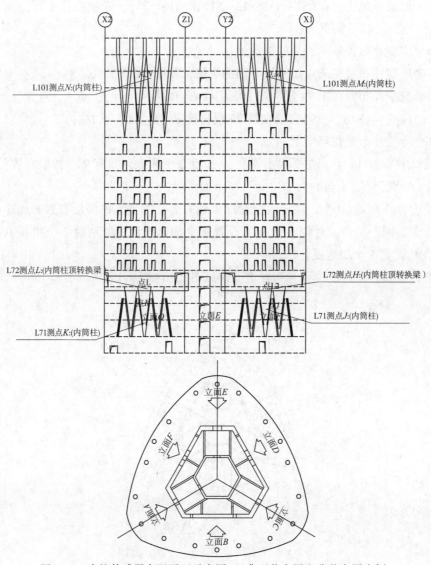

图 2-12　内柱传感器布置平面示意图(以典型节点层和非节点层为例)

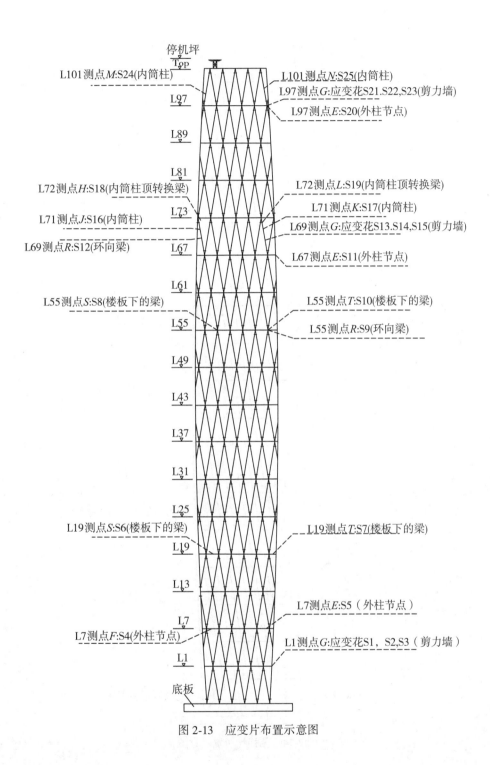

停机坪
Top

L101测点M:S24(内筒柱)

L101测点N:S25(内筒柱)
L97测点G:应变花S21.S22,S23(剪力墙)
L97测点E:S20(外柱节点)

L97

L89

L81

L72测点H:S18(内筒柱顶转换梁)

L72测点L:S19(内筒柱顶转换梁)
L71测点K:S17(内筒柱)

L71测点J:S16(内筒柱)

L73

L69测点G:应变花S13.S14,S15(剪力墙)

L69测点R:S12(环向梁)

L67

L67测点E:S11(外柱节点)

L61

L55测点S:S8(楼板下的梁)

L55测点T:S10(楼板下的梁)

L55

L55测点R:S9(环向梁)

L49

L43

L37

L31

L25

L19测点S:S6(楼板下的梁)

L19测点T:S7(楼板下的梁)

L19

L13

L7

L7测点E:S5(外柱节点)

L7测点F:S4(外柱节点)

L1测点G:应变花S1，S2,S3(剪力墙)

L1

底板

图 2-13 应变片布置示意图

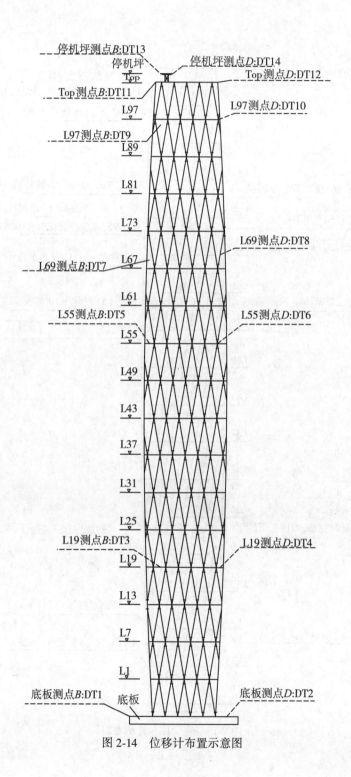

图 2-14 位移计布置示意图

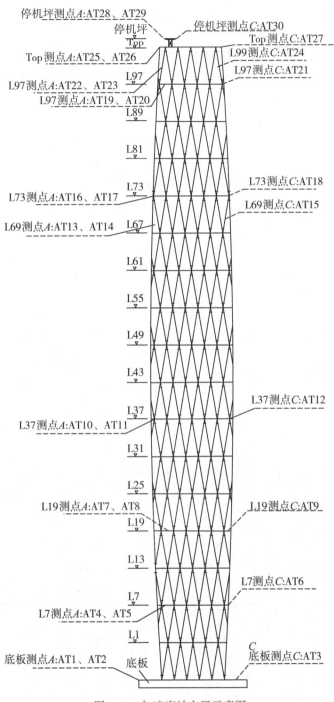

停机坪测点 A:AT28、AT29

停机坪测点 C:AT30

停机坪

Top

Top 测点 C:AT27

Top 测点 A:AT25、AT26

L99 测点 C:AT24

L97

L97 测点 C:AT21

L97 测点 A:AT22、AT23

L97 测点 A:AT19、AT20

L89

L81

L73

L73 测点 C:AT18

L73 测点 A:AT16、AT17

L69 测点 C:AT15

L69 测点 A:AT13、AT14

L67

L61

L55

L49

L43

L37

L37 测点 C:AT12

L37 测点 A:AT10、AT11

L31

L25

L19 测点 A:AT7、AT8

L19 测点 C:AT9

L19

L13

L7 测点 C:AT6

L7

L7 测点 A:AT4、AT5

L1

底板测点 A:AT1、AT2

底板

C

底板测点 C:AT3

图 2-15　加速度计布置示意图

(2)输入台面地震波

根据 7 度抗震设防及 Ⅱ 类场地要求，选用以下地震记录作为振动台台面激励。

①El-Centro 波，该波为 1940 年 5 月 18 日美国 IMPERIAL 山谷地震记录，持时

53.73s，最大加速度：南北方向 341.7cm/s²，东西方向 210.1cm/s²，竖直方向 206.3cm/s²，场地土属Ⅱ~Ⅲ类，震级6.7级，震中距11.5km，属于近震，原始记录相当于 8.5 度地震。

②Taft 波，该波为1952年7月21日美国 Kern County 地震记录，持时54.38s，最大加速度：南北方向 175.9cm/s²，东西方向 152.7cm/s²，竖直方向 102.8cm/s²，场地土属Ⅱ~Ⅲ类，震中距 43.0km。

③人工地震波。

试验工况见表2-6。

表 2-6　　　　　　　　　　广州西塔结构模型振动台试验工况表

试验工况序号	试验工况编号	烈度	地震激励	台面地震输入值/g							备注
				主振方向	X方向		Y方向		Z方向		
					设定值	实际值	设定值	实际值	设定值	实际值	
1	W1	第一次白噪声			0.05		0.05		0.05		三向白噪声
2	F7EXY	七度多遇	El-Centro	X	0.07	0.07	0.06	0.06			双向地震
3	F7EYX			Y	0.06	0.06	0.07	0.08			
4	F7EZ			Z					0.05	0.05	单向地震
5	F7TXY		Taft	X	0.07	0.07	0.06	0.05			双向地震
6	F7TYX			Y	0.06	0.05	0.07	0.14			
7	F7TZ			Z					0.05	0.05	单向地震
8	F7X		人工地震波	X	0.07	0.07	0.06	0.11			双向地震
9	F7Y			Y	0.06	0.07	0.07	0.09			
10	F7Z			Z					0.05	0.05	单向地震
11	W2	第二次白噪声			0.05		0.05		0.05		三向白噪声
12	B7EXY	七度基本	El-Centro	X	0.20	0.20	0.17	0.20			双向地震
13	B7EYX			Y	0.17	0.17	0.20	0.19			
14	B7EZ			Z					0.13	0.12	单向地震
15	B7TXY	七度基本	Taft	X	0.20	0.20	0.17	0.15			双向地震
16	B7TYX			Y	0.17	0.17	0.20	0.23			
17	B7TZ			Z					0.13	0.12	单向地震
18	B7X		人工地震波	X	0.20	0.22	0.17	0.20			双向地震
19	B7Y			Y	0.17	0.21	0.20	0.18			
20	B7Z			Z					0.13	0.13	单向地震
21	W3	第三次白噪声			0.05		0.05		0.05		三向白噪声

续表

试验工况序号	试验工况编号	烈度	地震激励	主振方向	台面地震输入值/g						备注
					X 方向		Y 方向		Z 方向		
					设定值	实际值	设定值	实际值	设定值	实际值	
22	R7EXY	七度罕遇	El-Centro	X	0.44	0.47	0.37	0.41			双向地震
23	R7EYX			Y	0.37	0.35	0.44	0.48			
24	R7EZ			Z					0.29	0.30	单向地震
25	R7TXY		Taft	X	0.44	0.43	0.37	0.37			双向地震
26	R7TYX			Y	0.37	0.38	0.44	0.43			
27	R7TZ			Z					0.29	0.25	单向地震
28	R7X		人工地震波	X	0.44	0.43	0.37	0.38			双向地震
29	R7Y			Y	0.37	0.35	0.44	0.48			
30	R7Z			Z					0.29	0.24	单向地震
31	W4	第四次白噪声			0.05		0.05		0.05		三向白噪声
32	R8EXY	八度罕遇	El-Centro	X	0.80	0.86	0.68	0.68			双向地震
33	R8EYX			Y	0.68	0.67	0.80	0.76			
34	R8EZ			Z					0.52	0.46	单向地震
35	R8TXY		Taft	X	0.80	0.87	0.68	0.68			双向地震
36	R8TYX			Y	0.68	0.67	0.80	0.82			
37	R8TZ			Z					0.52	0.50	单向地震
38	R8X		人工地震波	X	0.80	0.83	0.68	0.67			双向地震
39	R8Y			Y	0.68	0.71	0.80	0.76			
40	R8Z			Z					0.52	0.56	单向地震
41	W5	第五次白噪声			0.05		0.05		0.05		三向白噪声

模型制作完成后，分别对附加质量前后的模型进行脉动试验，以校核相似关系，验证模型设计。

第3章 结构试验设备和仪器

3.1 结构试验的加载设备

结构试验为模拟结构在实际受力工作状态下的结构反应，必须对试验对象施加荷载，试验用的荷载型式、大小、加载方式等都是根据试验的目的要求，以如何能更好地模拟原有荷载等因素来选择。

在决定试验荷载时，还取决于试验室的设备和现场所具备的条件。正确的荷载设计和选择适合于试验目的需要的加载设备是保证整个试验顺利进行的关键之一。

结构试验可分为静力加载和动力加载，因此，试验设备也可分为静力加载设备和动力加载设备。

3.1.1 静力加载设备

1. 重物加载法

重物加载就是利用物体本身的重量施加于结构上作为荷载。在试验室内可以利用的重物有专门浇铸的标准砝码、混凝土立方试块、水箱等；在现场则可就地取材，经常是采用普通的砂、石、砖块、水泥等材料，或是钢锭、铸铁、废构件等。

重物直接加载方法是将重物荷载直接堆放于结构表面(如板的试验)形成均布荷载或置于荷载盘上通过吊杆挂于结构上形成集中荷载。后者较多用于现场做屋架试验。在堆放时应避免重物形成拱而使均布荷载假定的误差偏大。

利用水作为重力加载用的荷载时，水可以盛在水桶内用吊杆作用于结构上，作为集中荷载，也可以采用特殊的盛水装置(底面无刚度的橡胶袋)作为均布荷载直接加于结构表面。

杠杆加载也属于重物加载的一种。当利用重物作为集中荷载受到荷载量的限制时，利用杠杆原理，将荷重放大作用于结构上。杠杆加载的装置根据试验室或现场试验条件的不同，可以有如图3-1所示的几种方案。

杠杆的支点、力点和重物的加载点的位置必须准确，由此确定杠杆的比例或放大率。

2. 液压加载法

液压加载方法就是用液压加载装置对试件进行加载，最普通的液压加载装置就是液压千斤顶，其主要工作原理是用高压油泵将具有一定压力的液压油压入液压加载器的工作油缸，使之推动活塞，对结构施加荷载。根据帕斯卡原理，荷载值由油压表示值和加载器活塞受压面积求得，也可由液压加载器与荷载承力架之间所置的测力传感器直接测读和记录。

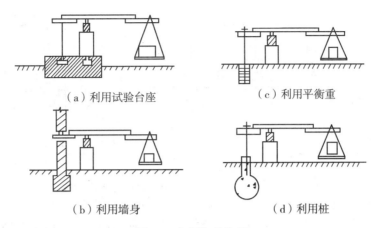

（a）利用试验台座　　　　　　（c）利用平衡重

（b）利用墙身　　　　　　（d）利用桩

图 3-1　杠杆加载装置

液压加载系统主要是由储油箱、高压油泵、液压加载器、测力装置和各类阀门组成的操纵台通过高压油管连接组成。

液压千斤顶的油源可以手动压入或采用电动泵压入。将多个千斤顶通过油泵连接，可组成液压加载系统，实现对试件的多点同步加载。

液压加载系统与试验机架可组合成各种专门的试验机，大型结构试验机是结构试验室内进行大型结构试验的专门设备，比较典型的是结构长柱试验机，用以进行柱、墙板、砌体、节点与梁的受压与受弯试验。试验机由液压操纵台、大吨位的液压加载器和机架三部分组成。由于进行大型构件试验的需要，它的液压加载器的吨位要比一般材料试验机的容量大，至少在 2000kN 以上，机架高度在 3m 左右或更高。

将电液伺服装置引入液压加载系统，可组成电液伺服液压加载系统，由专门的模拟控制装置和计算机来控制试验的加载全过程。

电液伺服系统目前采用闭环控制，其主要组成是有电液伺服加载器(图 3-2)、控制系统和液压源三大部分(图 3-3)。它可将负荷、应变、位移、加速度等物理量直接作为控制参数，实行自动控制。指令发生器根据试验要求发出指令信号，与反馈信号在伺服控制器中进行比较，其差值即为误差信号，经放大后予以反馈，用来控制伺服阀操纵液压加载活塞的工作，完成全系统的闭环控制。

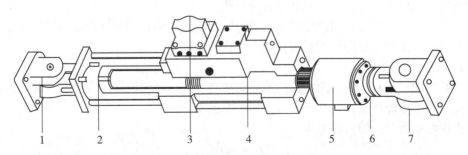

1—铰支支座；2—位移传感器；3—电液伺服阀；4—活塞杆；
5—荷载传感器；6—螺旋垫圈；7—铰支接头
图 3-2　电液伺服加载器

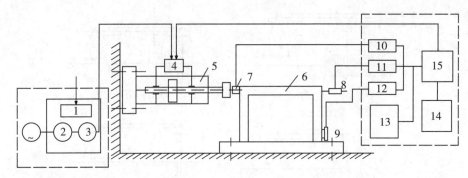

1—冷却器；2—电动机；3—高压油泵；4—电液伺服阀；5—液压加载器；6—试验结构；
7—荷重传感器；8—位移传感器；9—应变传感器；10—荷载调节器；11—位移调节器；
12—应变调节器；13—记录及显示装置；14—指令发生器；15—伺服控制器

图3-3 电液伺服液压系统工作原理图

目前电液伺服液压试验系统均与电子计算机和数控系统联机使用，使整个系统进行程序控制、数据采集和数据处理。

3. 机械力加载法

机械力加载常用的机具有吊链、卷扬机、绞车、花篮螺丝、螺旋千斤顶及弹簧等。

吊链、卷扬机、绞车和花篮螺丝等主要是配合钢丝或绳索对结构施加拉力，还可与滑轮组联合使用，改变作用力的方向和拉力大小。拉力的大小通常用拉力测力计测定。

螺旋千斤顶是利用齿轮及螺杆式涡轮涡杆机构传动的原理，当摇动手柄时，就带动螺旋杆顶升，对结构施加顶推压力，用测力计测定加载值。

弹簧加载法常用于构件的持久荷载试验。

4. 气压加载法

在试件上制作一密封容器或在试件和加载装置之间放置一气囊，经充气后借助容器或气囊内的压力，对试件表面施加均布荷载。

3.1.2 动力加载设备

1. 惯性力加载法

在结构动力试验中，利用物体质量在运动时产生的惯性力，或利用弹药筒和小火箭在炸药爆炸时产生的反冲力，对结构进行加载。

冲击力加载的特点是荷载作用时间极为短促，在它的作用下使被加载结构产生有阻尼的自由衰减运动，适用于进行结构动力特性的试验等。

2. 离心力加载

离心力加载是利用偏心激振器的质量的离心力对试件或结构进行加载。偏心激振器是常见的离心力加载设备，其原理如图3-4所示。

由偏心质量产生的离心力为

$$P = m\omega^2 r \tag{3-1}$$

式中：m ——偏心块质量；

ω ——偏心块旋转角速度；

r ——偏心块旋转半径。

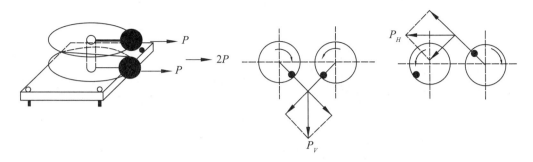

图 3-4　机械式偏心激振器的原理图

使用时将偏心激振器底座固定在被测结构物上，由底座把激振力传递给结构，致使结构受到简谐变化激振力的作用。调整激振器的转速，可使激振力与被试结构产生共振，从而得到结构各阶的自振频率。

偏心激振器产生的激振力等于各旋转质量离心力的合力。改变质量或调整带动偏心质量运转电机的转速，即改变角速度 ω，可调整激振力的大小。对于一低频结构，在共振时激振器的出力较小，很难使结构产生破坏，所以偏心激振器一般不能对结构进行破坏性试验。

当将激振器按水平激振要求与一刚性平台连接，则就是最早期的机械式水平振动台。

3. 电磁加载法

电磁式激振器是由磁系统(包括励磁线圈、铁芯、磁极板)、动圈(工作线圈)、弹簧、顶杆等部件组成。图 3-5 为电磁式激振器的构造图。当激振器工作时，在励磁线圈中输入稳定的直流电，使在铁芯与磁极板的空隙中形成一个强大的磁场。与此同时，由低频信号发生器输出一交变电流，并经功率放大器放大后输入工作线圈，这时工作线圈即按交变电流谐振规律在磁场中运动并产生一电磁感应力 F，推动试件振动。

电磁振动台的原理与电磁激振器一样，在构造上实际是利用电磁激振器来推动一个活动的台面而构成。

电磁振动台通常是由信号发生器、振动自动控制仪、功率放大器、电磁激振器和台面组成，如图 3-5 所示。

振动台按闭环控制要求设计，由信号源提供台面需要的各种激励信号，将传感器测得的振动参量通过定振装置反馈给信号发生器，即可对振动台动控制。

4. 人激振动加载法

试验中人们可以利用自身在结构物上有规律的活动，当人的身体作与结构自振周期同步的前后运动，使产生足够大的惯性力，就可能形成适合做共振试验的振幅。在操作人员停止运动后，让结构作有阻尼的自由振动，可以获得结构的自振周期和阻尼系数。这种加载方法常用于结构舒适度方面的试验。

5. 环境随机振动激振法

环境随机振动激振法也称为脉动法。人们在许多试验观测中，发现建筑物经常处于微小而不规则的振动之中。这种振动来源于微小的地震活动以及诸如机器运转、车辆来往等人为扰动的原因，使地面存在着连续不断的运动，其运动幅值极为微小，而它所包

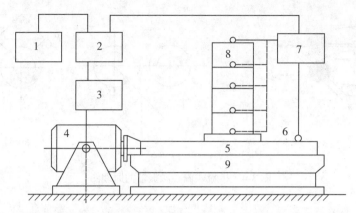

1—信号发生器；2—自动控制仪；3—功率放大器；4—电磁激振器；5—振动台台面；
6—测振传感器；7—振动测量记录系统；8—试件；9—台座
图 3-5　电磁振动台组成系统图

含的频谱是相当丰富的，故称为地面脉动。由地面脉动激励建筑物经常处于微小而不规则的振动中，通常称为建筑物脉动。可以利用这种脉动现象来分析测定结构的动力特性，它不需要任何激振设备，又不受结构型式和大小的限制。

由于环境随机振动的振动信号很微小，所以对传感器、放大器和数据采集装置的灵敏度、信噪比等要求较高，且还需要相关频谱分析仪或频谱分析软件。

6. 模拟地震振动台

模拟地震振动台是再现各种地震波对结构进行动力试验的一种先进试验设备，由振动台台面、液压驱动和动力系统、控制系统、测试分析系统等组成。图 3-6 为三向六自由度模拟地震振动台系统的组成框图。

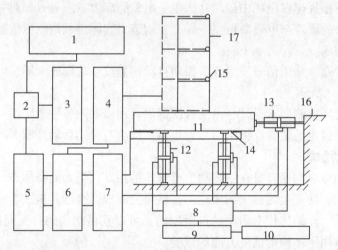

1—远程网络计算机；2—集线器；3—网络计算机/网络输出设备；4—振动测量系统；5—微型计算机；
6—全数控数据采集系统；7—模拟/数字控制系统；8—液压分配系统；9—液压动力源；10—液压冷却系统；
11—振动台台面；12—垂直加载器(四台竖向加载器)；13—水平加载器(X、Y方向各两台水平加载器)；
14—振动台系统传感器；15—测振传感器；16—基础；17—试件
图 3-6　三向六自由度模拟地震振动台系统的组成框图

3.2　荷载支承设备和试验台座

3.2.1　支座

结构试验中的支座是支承结构、正确传递作用力和模拟实际荷载图式和边界条件的设备，通常由支座和支墩组成。

支墩在现场多用砖块临时砌成，支墩上部应有足够大的平整的支承面，最好在砌筑时铺以钢板。支墩本身的强度必须进行验算，支承底面积要按地耐力复核，保证试验时不致发生沉陷或过度变形。在试验室内可用钢或钢筋混凝土制成专用设备。

铰支座一般用钢材制作，对于梁、桁架等简支结构选用一个固定铰支座及一个活动铰支座，对于板壳结构，常是四角支承或四边支承。

柱与压杆试验时，构件两端均采用铰支座。柱试验时铰支座有单向铰和双向铰两种（图 3-7）。对于有两个方向发生屈曲可能时应使用双向铰刀口支座。当柱或压杆在进行偏心受压试验时，可以通过调节螺丝来调整刀口与试件几何中线的距离，满足不同偏心距的要求。

此外，还有使用于模拟固定端和受扭构件转动的支座。

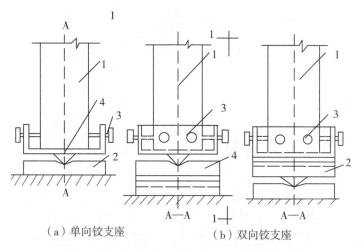

（a）单向铰支座　　（b）双向铰支座

1—试件；2—铰支座；3—调整螺丝；4—刀口

图 3-7　柱和压杆压屈试验的铰支座

3.2.2　荷载支承装置

在试验室内荷载支承设备一般是由横梁立柱组成的反力架和试验台座组成，也可利用适宜于试验中小型构件的抗弯大梁或空间桁架式台座。在现场试验则通过用平衡重、锚固桩头或专门为试验浇筑的钢筋混凝土地梁来平衡对试件所加的荷载，也可用箍架将成对构件作卧位或正反位加载试验。

荷载的支承机构主要是由横梁、立柱组成。它可以是用型钢制成的∏型支架，横梁与柱的连接采用精制螺栓或圆销。这类支承装置的强度、刚度都较大，能满足大型结构构件试验的要求，支架的高度和承载能力可按试验需要设计。

另一种是用大截面圆钢制成的立柱，配以型钢制成的横梁，在圆钢立柱两端有螺纹，用螺帽固定横梁并与台座连接固定。这类加荷架比较轻便，但刚度较小，使用不当容易产生弯曲变形，同时螺杆的螺纹容易损坏，影响使用。

3.2.3 结构试验台座

结构试验台座是试验室内永久性的固定设备，用以平衡施加在试验结构物上的荷载所产生的反力。试验台座的形式多样，可根据试验或试验研究方法设计制造。常用的试验台座有大梁式台座、空间桁架式台座、槽式台座、地锚式台座、箱式台座、抗侧力试验台座(反力墙)等。

槽式试验台座是目前使用较多的台座之一。这种试验台槽式结构为整体的钢筋混凝土厚板。其构造特点是沿台座纵向全长布置几条槽轨，槽轨是用型钢制成的纵向框架式结构，埋置在台座的混凝土内(图 3-8)，槽轨的作用在于锚固加载支架，这种台座的特点是加载点位置可沿台座的纵向任意变动。

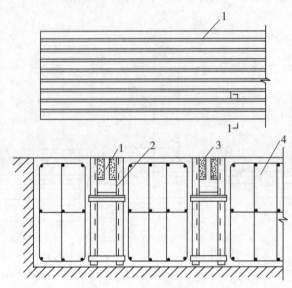

1—槽轨；2—型钢骨架；3—高标号混凝土；4—钢筋混凝土
图 3-8 槽式结构试验台座

箱式试验台座也是常用的试验台座之一，比其他形式的台座具有更大的刚度。在箱形结构的顶板上沿纵横两个方向按一定间距留有竖向贯穿的孔洞，便于沿孔洞联线的任意位置加载，即先将槽轨固定在相邻的两孔洞之间，然后将立柱或拉杆按需要加载的位置固定在槽轨中。也可将立柱或拉杆直接安装于孔内，故亦称孔式试验台座。试验量测与加载工作可在台座上面，也可在箱型结构内部进行，所以台座结构本身也即是试验室的地下室，可供进行长期荷载试验或特种试验使用。大型的箱形试验台座可同时兼作为试验室房屋的基础。图 3-9 为箱式试验台座示意图。

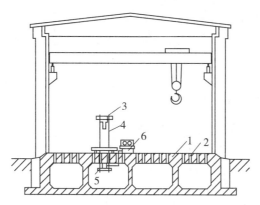

1—箱型台座；2—顶板上的孔洞；3—试件；4—加载架；5—液压加载器；6—液压操作台

图 3-9　箱式结构试验台座

为了使用电液伺服加载系统对结构或模型施加低周反复水平荷载，需要有抗侧力试验台(图 3-10)，在台座的端部建有高大的刚度极大的抗侧力结构，用以承受和抵抗水平荷载的反作用力所产生的弯矩和剪力。抗侧力结构可以是钢筋混凝土或预应力钢筋混凝土的实体墙，或者是为了增大结构刚度而采用的箱型结构，这时抗侧力墙体结构一般是固定的并与水平台座连成整体，也可采用钢推力架的方案，利用地脚螺丝与水平台座连接锚固。

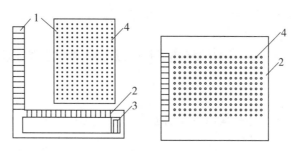

1—反力墙；2—箱型台座；3—通道；4—锚孔

图 3-10　抗侧力试验台座

3.3　结构试验的量测仪器

3.3.1　概述

在结构试验中，数据采集就是用各种方法、仪器，对试件反应(如位移、力、应变、裂缝、速度、加速度等)的输出数据进行测量和记录，通过对这些数据的处理和分析，可以得到试件在荷载作用下的特性。

数据采集的仪器设备种类繁多，按它们的功能和使用情况可以分为：传感器、放大器、显示器、记录器、分析仪、数据采集仪或一个完整的数据采集系统等。传感器的功能主要是感受各种物理量(力、位移、应变等)，并把它们转换成电量(电信号)或其他容易处理的信号；放大器的功能是把从传感器得到的信号进行放大，使信号可以被显示和记录；显示器的功能是把信号用可见的形式显示出来；记录仪是把采集得到的数据记录下来，作长期保存；分析仪器的功能是对采集得到的数据进行分析处理；数据采集仪可用于自动扫描和采集，可作为数据采集系统的执行机构；数据采集系统是一种集成式仪器，它包括传感器、数据采集仪和计算机或其他记录器、显示器，它可用来进行自动扫描、采集，还能进行数据处理等。

3.3.2 传感器

结构试验中使用的传感器有机械式传感器、电测传感器、红外线传感器、激光传感器、光纤维传感器和超声波传感器等，还有的是利用两种或两种以上原理组合工作的复合式传感器，以及能进行信号处理和判断的智能传感器。其中较多的是将被测非电量转换成电量的电测传感器。

电测传感器利用某种特殊材料的电学性能或某种装置的电学原理，把所需测量的非电物理量变化转换成电量变化，如把非电量的力、应变、位移、速度、加速度等转换成与之对应电流、电阻、电压、电感、电容等。电测传感器主要由以下四部分组成：

①感受部分：可以是一个弹性钢筒、一个悬臂梁或是一个简单的滑杆等，直接感受物理量的变化。

②转换部分：把所感受到的物理变化转换成电量变化。如把应变转换成电阻变化的电阻应变计，把振动速度转换成电压变化的线圈磁钢组件，把加速度或力转换成电荷变化的压电晶体等。

③传输部分：把电量变化的信号传输到放大器，或者记录器和显示器的信号线(或称为电缆)以及相应的接插件等。

④附属装置：指传感器的外壳、支架等。

电测传感器可以进一步按输出电量的形式分为：电阻应变式、磁电式、电容式、电感式、压电式等。

通常，传感器输出的电信号很微弱，在有些情况下，还需要按传感器的种类配置放大器，对信号进行放大处理，然后输送到记录器和显示器。放大的主要功能就是把信号放大，它必须与传感器、记录器和显示器相匹配。

1. 电阻应变计

在结构试验中，电阻应变计是用来测量试件的应变。另外，还可以用电阻应变计作为转换元件，组成电阻应变式传感器，来测量位移、加速度、力等各种物理量的变化。

(1)电阻应变计的工作原理

电阻应变计的工作原理是利用某种金属丝导体的应变电阻效应，即当金属丝受力而变形(伸长或缩短)时，其长度、截面面积和电阻都将发生变化，求得电阻变化与应变的关系：

$$\frac{\mathrm{d}R}{R} = K_0 \varepsilon \tag{3-2}$$

式中：K_0——电阻应变计的灵敏系数，灵敏系数越大，单位应变引起的电阻变化也越大，一般 K_0 在 2.0 左右。

（2）电阻应变计的构造

电阻应变计的构造如图 3-11 所示，在拷贝纸或薄胶膜等基底与覆盖层之间粘贴合金敏感栅（电阻栅），敏感栅两端焊上引出线。图中 L 为栅长（又称标距），B 为栅宽，L、B 是应变计的重要技术尺寸。

电阻应变计的主要技术指标如下：

①电阻值 R（Ω），应变计的电阻值 R 一般为 120Ω，选用时，应考虑与应变仪配合。

②标距 L 即敏感栅的有效长度。用应变计测得的应变值是整个标距范围的名义平均应变，应根据试件测点处应变梯度的大小来选择应变计的距标。

③灵敏系数 K 表示单位应变引起应变计的电阻变化。应使应变计的灵敏系数与应变仪的灵敏系数设置相协调，如果不一致时，应对测量结果进行修正。

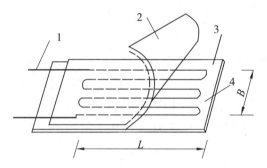

1—引出线；2—覆盖层；3—电阻栅；4—基底

图 3-11　电阻应变计构造

$$\varepsilon = \frac{K_{\text{仪}}}{K} \varepsilon_{\text{读}} \tag{3-3}$$

（3）电阻应变计的种类

电阻应变计的种类很多，按敏感栅的种类划分，有丝绕式、箔式、半导体等；按基底材料划分，有纸基、胶基等；按使用极限温度划分，有低温、常温、高温等。箔式应变计是在薄胶基底上镀合金薄膜，然后通过光刻技术制成，具有绝缘度高、耐疲劳性能好、横向效应小等特点，但价格较高。丝绕式多为纸基，虽有防潮性能、耐疲劳性能稍差、横向效应较大等特点，但价格较低，且易粘贴，可用于一般的静力试验。图 3-12 为几种应变计的形式。

（4）电阻应变计的粘贴

用应变计测量试件的应变，应该使应变计与被测物体变形一致，才能得到准确的测量结果。通常采用黏结剂把应变计粘贴在被测物体上，粘贴的好坏对测量结果影响很大。粘贴技术要求十分严格，为保证粘贴质量和测量准确，要求：①测点基底平整、清

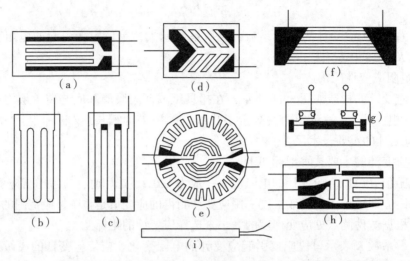

（a）、（d）、（e）、（f）、（h）箔式电阻应变计；（b）丝绕式电阻应变计；
（c）短接式电阻应变计；（g）半导体应变计；（i）焊接电阻应变计

图 3-12　几种电阻应变计

洁、干燥；②黏结剂的电绝缘性、化学稳定性和工艺性能良好，蠕变小，粘贴强度高，温湿度影响小；③同一组应变计规格型号应相同；④粘贴牢固，方位准确，不含气泡。常用的黏结剂有氰基丙烯酸酯类（如 KH502 黏结剂）、环氧类等。另外，在应变计粘贴完成后，还需要对应变计做防潮绝缘处理，常用的防潮材料有石蜡、硅胶、环氧树脂等。

（5）电阻应变计测量应变

应变计可以把试件的应变转换成电阻变化，通常采用惠斯登电桥（图 3-13），把电阻变化转换为电压或电流的变化，使信号得以放大、并可以解决温度补偿等问题。图中，R_1、R_2、R_3、R_4 为电阻（或桥臂电阻），V_i 为输入电压，V_0 为输出电压。根据基尔霍夫定律，可以得到输出电压 V_0 与输入电压 V_i 的关系如下：

$$V_0 = V_i \cdot \frac{R_1 R_3 - R_2 R_4}{(R_1 + R_2)(R_3 + R_4)} \tag{3-4}$$

当 $R_1 = R_2 = R_3 = R_4$ 时，称为等臂电桥。当电桥平衡，即输出电压 $V_0 = 0$ 时，有如图 3-13 所示的惠斯登电桥。

如桥臂电阻发生变化，电桥将失去平衡，输出电压 V_0-0。测量应变时，可以只接一个应变计（R_1 为应变计，R_2、R_3、R_4 为标准电阻），这种接法称为 1/4 电桥；接二个应变计（R_1 和 R_2 为应变计，R_3、R_4 为标准电阻），称为半桥接法；接四个应变计（R_1、R_2，R_3 和 R_4 均为应变计），称为全桥接法。

当进行全桥测量时，假定四个桥臂的电阻变化分别为 ΔR_1、ΔR_2、ΔR_3、ΔR_4，且变化前的电桥为平衡，则有输出电压为：

$$R_1 R_3 - R_2 R_4 = 0 \tag{3-5}$$

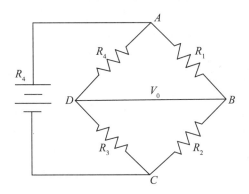

图 3-13　惠斯登电桥

$$V_0 = V_i \cdot \frac{R_2 R_4}{(R_1 + R_2)(R_3 + R_4)} \left(\frac{\Delta R_1}{R_1} - \frac{\Delta R_2}{R_2} + \frac{\Delta R_3}{R_3} - \frac{\Delta R_4}{R_4} \right) \tag{3-6}$$

上式中，利用了 $\Delta R_1 \Delta R_3 = 0$、$\Delta R_2 \Delta R_4 = 0$ 及 $(R_1 + \Delta R_1 + R_2 + \Delta R_2)(R_3 + \Delta R_3 + R_4 + \Delta R_4) = (R_1 + R_2)(R_3 + R_4)$。

如果四个应变计规格相同，即 $R_1 = R_2 = R_3 = R_4$，应变计灵敏系数 $K_1 = K_2 = K_3 = K_4 = K$，则有

$$V_0 = \frac{1}{4} V_i K (\varepsilon_1 - \varepsilon_2 + \varepsilon_3 - \varepsilon_4) \tag{3-7}$$

由上式可知，当 $\Delta R \leqslant R$ 时，输出电压与应变呈线性关系，与四个桥臂应变的代数和呈线性关系；相邻桥臂的应变符号相反，如 ε_1 与 ε_2，相对桥臂的应变符号相同，如 ε_1 与 ε_3。由此可得电桥的桥臂特性，即当相邻桥臂的应变增量同号时，其作用相互抵消；异号时，其作用相互叠加。而两相对桥臂的应变增量同号时，其作用相互叠加；异号时，其作用则相减输出，两者情况正好相反。利用这一特性，可以进行温度补偿和求得不同连接时的桥臂系数及相应不同的量测灵敏度，见表 3-1。

用电阻应变仪测量应变时，电阻应变仪中的电阻和电阻应变计共同组成惠斯顿电桥。当应变计发生应变、其电阻值发生变化，使电桥失去平衡；如果在电桥中接入一可变电阻，调节可变电阻、使电桥恢复平衡，这个可变电阻调节值与应变计的电阻变化有对应关系，通过测量这个可变电阻调节值来测量应变的方法称为零位读数法。如果不用可变电阻，直接测量电桥失去平衡后的输出电压，再换算成应变值。这种方法称为直读法(或偏位法)。

常用的电桥与相应的应变计布置见表 3-1，采用何种电桥和应变计布置应根据试验要求而定，当用于测量非匀质材料的应变时，或当应变测点较多时，应尽量采用 1/4 电桥，以避免各个应变测点之间的相互影响。

随着电子技术的发展，配置有高精度、高分辨率的积分电压表的数据采集仪广泛应用于结构试验和应变测量。数据采集仪测量应变常采用直读法，直接测量电桥失去平衡后的输出电压，通过换算可得到相应的应变值。

表 3-1　　　　　　　　　　　常用的电桥型式和应变计布置

序号	电桥型式	应变计布置	测量项目和特点
1	V_i，A，R_4，$R_{g1}(+\varepsilon)$，D，V_0，B，R_3，R_2，C　1/4 电桥	R_{g1}	1. 测点处沿应变计轴向的应变 2. 需另外布置温度补偿 3. 每个应变计（测点）需一个电桥，相互间不影响
2	V_i，A，R_4，$R_{g1}(+\varepsilon)$，D，V_0，B，R_3，$R_{g2}(-\varepsilon)$，C　半桥（弯曲桥路）	R_{g1}，R_{g2}；$R_{g1}(R_{g2})$	1. 测点处截面的弯曲应变 2. 温度补偿为工作片相互补偿 3. 测得应变为两个应变的绝对值之和。当两个应变的绝对值相等时，测量提高为 2 倍
3	V_i，A，R_4，$R_{g1}(+\varepsilon)$，D，V_0，B，R_3，$R_{g2}(-\upsilon\varepsilon)$，C　半电桥（泊松比桥路）	R_{g1}，R_{g2}	1. 测点处沿应变计轴向的应变 2. 温度补偿为工作片相互补偿 3. 测量灵敏度提高 $(1+\upsilon)$ 倍
4	V_i，A，$R_{g4}(-\varepsilon)$，$R_{g1}(+\varepsilon)$，D，V_0，B，$R_{g3}(+\varepsilon)$，$R_{g2}(-\varepsilon)$，C　全桥（弯曲桥路）	$R_{g1}(R_{g3})$，$R_{g2}(R_{g4})$；$R_{g1}(R_{g2})$，$R_{g3}(R_{g4})$	1. 测点处截面的弯曲应变 2. 温度补偿为工作片相互补偿 3. 测得应变为四个应变的绝对值之和。当四个应变的绝对值相等时，测量灵敏度提高至 4 倍
5	V_i，A，$R_{g4}(+\upsilon\varepsilon)$，$R_{g1}(+\varepsilon)$，D，$V_0$，B，$R_{g3}(-\upsilon\varepsilon)$，$R_{g2}(-\varepsilon)$，C　全桥（弯曲泊松比）	R_{g1}，R_{g3}，R_{g2}，R_{g4}；R_{g1}，R_{g2}，$R_{g3}(R_{g4})$	1. 测点处截面的弯曲应变 2. 温度补偿为工作片相互补偿 3. 测量灵敏度提高 2$(1-\upsilon)$ 倍

序号	电桥型式	应变计布置	测量项目和特点
6	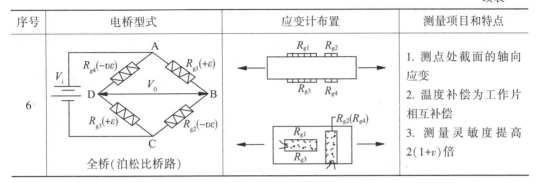 全桥（泊松比桥路）		1. 测点处截面的轴向应变 2. 温度补偿为工作片相互补偿 3. 测量灵敏度提高 $2(1+\upsilon)$ 倍

2. 力传感器

结构试验中，力传感器是用来测量对结构（试件）的作用力（荷载）、支座反力等。力传感器和压力传感器主要有机械式和电测式两类。传感器的基本原理是用一弹性元件在感受力或压力时，弹性元件即发生与外力或压力呈相对应关系的变形，用机械装置把这些变形按规律进行放大和显示的即为机械式传感器，用电阻应变计把这些变形转变成电阻变化然后再进行测量的即为应变式传感器。此外，还有利用压电效应制成的压电式传感器。

3. 线位移传感器

线位移传感器（简称位移传感器）可用来测量结构的位移，包括结构的反应和对结构的作用、支座位移。它测到的是某一点相对另一点的位移，即测点相对于位移传感器支架固定点的位移。

常用的位移传感器有机械式百分表、电子百分表、滑阻式传感器和差动电感式传感器。它们的工作原理是用一可滑动的测杆去感受线位移，然后把这个位移量用各种方法转换成表盘读数或各种电量。如机械式百分表，它用一组齿轮等把测杆的滑动（即位移）转换成指针的转动，即表盘读数；电子百分表是通过弹簧把测杆的滑动转变为固定在表壳上的悬臂小梁的弯曲变形，再用应变计把这个弯曲变形转变成应变输出；滑阻式传感器是通过可变电阻把测杆的滑动转变成两个相邻桥臂的电阻变化，与应变仪等接成惠斯登电桥，把位移转换成电压的输出；差动式传感器是把测杆的滑动变成滑动铁芯和线圈之间的相对位移，并转换成电压输出。

光纤位移传感器是 20 世纪 70 年代发展起来的一类新型传感器。光纤位移传感器不受电磁干扰，绝缘性能好，耐腐蚀，可用于高温、高压、有腐蚀的场合。

光电传感器是另一类新型传感器。光电传感器从发光部发出信号光，在受光部接收被测物体的反射光量，得到输出信号。光电传感器发出的光可以是可见光或红外光，可以制成激光传感器、红外传感器，被测的物理量可以是位移、速度或加速度。

当位移值较大、测量要求不高时，还可用水准仪、经纬仪及直尺等进行测量。在结构试验中，人们还经常利用位移传感器来量测结构的应变。应变的定义是单位长度的变形（拉伸、压缩和剪切），在试验中，可以量测两点之间的相对位移来计算两点之间的平均应变。设两点之间的距离为 L（称为标距），被测物体发生变形后，两点之间有相对位移 ΔL，则在标距内的平均应变 ε 为：

$$\varepsilon = \frac{\Delta L}{L} \qquad\qquad (3\text{-}8)$$

式中，ΔL 是以两点之间的距离增加为正(表示得到拉应变)，以减少为负(表示得到压应变)。

如图 3-14 所示的手持应变仪和百分表应变装置是两种利用位移传感器测量应变的仪器和装置。

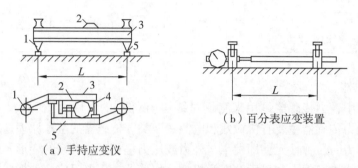

（a）手持应变仪　　　　　（b）百分表应变装置

图 3-14　位移方法测量应变

4. 角位移传感器

角位移传感器(简称倾角仪)是安装在结构的被测点上，试验时随结构的变形而产生倾角，由此测得结构的角位移。

常用的角位移传感器有水准管式倾角仪、电阻应变式倾角传感器及 DC-10 水准式角度传感器。它们的工作原理是以重力作用线为参考，以感受元件相对于重力线的某一状态为初值，当传感器随结构一起发生角位移后，其感受元件相对于重力线的状态也随之改变，把这个相应的变化量用各种方法转换成表盘读数或各种电量。

5. 裂缝测量仪器

测量裂缝宽度通常用读数显微镜，它是由光学透镜与游标刻度等组成。还可以用印有不同宽度线条的裂缝标尺与裂缝对比来确定裂缝宽度；也可使用一组具有不同厚度的标准塞尺进行试插，正好插入裂缝的塞尺厚度即为该裂缝的宽度。采用超声仪也能测量裂缝的出现部位、深度等。

6. 测振传感器

测振传感器是由惯性质量、阻尼和弹簧组成一个质量弹簧系统，这个系统固定在振动体上(即传感器的外壳固定在振动体上)，与振动体一起振动；通过测量惯性质量相对于传感器外壳的运动，就可以得到振动体的振动(图 3-15)。

（1）磁电式速度传感器

磁电式速度传感器是根据电磁感应的原理制成的，图 3-16 为一磁电式速度传感器，磁钢和壳体相连接、并通过壳体安装在振动体上，与振动体一起振动；芯轴和线圈组成传感器的系统质量，通过弹簧片(系统弹簧)与壳体连接。振动体振动时，系统质量与传感器壳体之间发生相对位移，因此线圈与磁钢之间也发生相对运动。根据电磁感应定律，感应电动势 E 的大小为

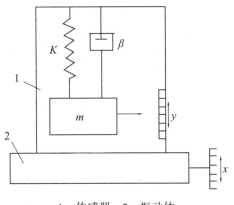

1—传感器；2—振动体

图 3-15　测振传感器力学原理

$$E = BLnv \tag{3-9}$$

式中：B 为线圈所在磁钢间隙的磁感应强度；L 为每匝线圈的平均长度；n 为线圈匝数；v 为线圈相对于磁钢的运动速度，即系统质量相对于传感器壳体的运动速度。对于传感器来说，B，L，n 是常量，所以传感器的电压输出（即感应电动势 E）与相对运动速度 v 成正比。

图 3-17 为一摆式测振传感器，它的质量弹簧系统设计成转动的形式，因而可以获得更低的仪器固有频率。摆式传感器可以测垂直方向或水平方向的振动。它也是磁电式传感器，输出电压与相对运动速度成正比。

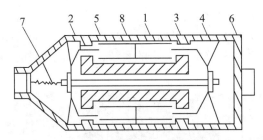

1—磁钢；2—线圈；3—阻尼环；4—弹簧片；5—芯轴；6—外壳；7—输出线；8—铝架

图 3-16　磁电式速度传感器

磁电式传感器输出的电压信号一般比较微弱，需要用电压放大器进行放大。

(2) 压电式加速度传感器

从物理学知道，一些晶体材料当受到压力并产生机械变形时，在其相应的两个表面上出现异号电荷，当外力去掉后，晶体又重新回到不带电的状态，这种现象称为压电效应。压电式加速度传感器是利用晶体的压电效应而制成的。

压电式加速度传感器输出的电信号需通过电压放大器或电荷放大器放大处理，输出给其他仪器。

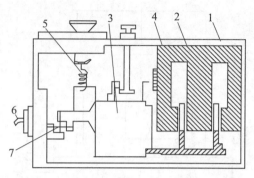

1—外壳；2—磁钢；3—重锤；4—线圈；5—弹簧；6—输出线；7—十字簧片

图 3-17　摆式传感器

此外，用于测振的加速度传感器还有压阻式加速度传感器、差容式加速度传感器和激光传感器等。压电式加速度传感器智能测量动态信号，目前性能较好的压电式加速度传感器低频能测到 0.05Hz，而压阻式、差容式加速度计低频响应可降至 0Hz。

3.3.3　数据采集系统

在传统的结构试验中，被测物理量一般通过试验人员读数和人工记录的，这种方法不适应大规模的静力试验和动态试验。数据采集系统由专门的计算机来完成试验数据的采集、处理、分析、判断、储存、绘图等，保证了试验数据记录的可靠性，减小了非系统误差，节约了大量的劳动力，提高了试验效率。数据采集系统可以是静态的，也可以是动态的。数据采集系统可以是实验室专用的大型系统，也可以是分散或小型的系统，便于移动、携带，更适合于野外试验。

结构振动信号采集分析系统(SVSA)是一套包括数据采集仪和振动信号分析软件的适用于各类工程结构振动信号采集与分析的系统，系统的硬件连接如图 3-18 所示。

图 3-18　SVSA 数据采集仪接线示意图

压电式加速度传感器通过连线与采集仪连接，输入信号经采集仪 A/D 转换、放大后通过 USB 口输出到 PC 上进行分析处理，如图 3-19 所示。

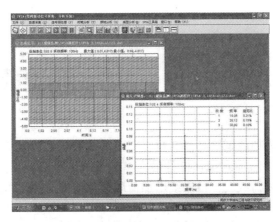

图 3-19 SVSA 数据采集仪软件界面

SVSA 数据采集仪可实现 4~128 多通道输入，采样频率高达 250kHz，A/D 转换为 16bit 或 24bit，96dB 的动态范围，大容量数据储存（仅受微机硬盘限制），内部自带锂电池电源，能连续工作 8 小时。该软件的主要功能如下：

①数据采集：实现 Windows 下多通道数据的定点采集、动态实时采集、触发采集和 A/D 转换以及采样参数的设置，可进行振动信号的数据截取、数字滤波；

②文件管理：存储和读取振动信号以及工作目录的设置；

③信号发生：产生几种特殊的数字信号及它们的叠加，以供虚拟仪器的其他模块使用；

④信号预处理：加窗滤波及消除信号的初始项、趋势项、直流项等干扰项；

⑤时域分析：自相关函数、互相关函数、幅值倒频谱分析及概率统计分析；

⑥频域分析：对采集得到的数据作各种频谱分析（幅值谱分析、自功率谱分析、互功率谱分析、传递函数、相干函数）；

⑦数据播放：已有数据的回放、分析；

⑧阻尼识别：自动识别振动信号的各阶阻尼比；

⑨加速度-位移互换：实现加速度、速度、位移信号的相互转换；

⑩振动信号的显示：数据显示、时域波形显示等。

第4章 结构单调静力加载试验

建筑结构单调静力加载试验是指在短时期内对试验对象进行一次平稳地连续施加荷载,荷载从"零"开始一直加到结构构件最大试验荷载或破坏,或是在短时期内平稳地施加若干次预定的重复荷载后,再连续增加荷载直到结构构件破坏。

4.1 结构单调加载静力试验的加载制度

试验加载制度指的是试验进行期间荷载与时间的关系。试验加载的数值及加载程序取决于不同的试验对象和试验目的。科学研究与生产鉴定的结构构件试验一般均需做破坏试验,试验加载常是分级并按几个循环进行,最后才加载至结构破坏。

在进行混凝土结构试验时就必须按试验的性质和要求分别确定相应于各个受力阶段的试验荷载值。各种不同的试验荷载值可按《混凝土结构设计规范》和《混凝土结构试验方法标准》要求进行计算。

图 4-1 是一个典型的单调加载静力试验的加载程序。对于生产性鉴定试验,应针对不同试件(试验对象),采用相应的现行规范和试验标准进行试验。

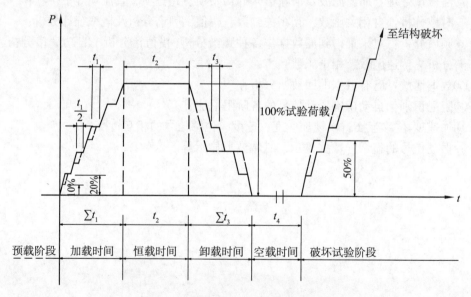

图 4-1 单调加载静力试验的加载程序

4.2　受弯构件试验

4.2.1　试件安装和加载方法

预制板和梁等受弯构件一般都是简支的，试验安装时都采用正位试验。板一般是承受均布荷载，应将荷载均匀施加于板面。梁承受的荷载较大，施加集中荷载时可用杠杆加载，更方便的是用液压加载器通过分配梁或由液压加载系统控制多台加载器直接加载。

受弯构件试验中经常采用等效荷载，即用几个等效的集中荷载来替代均布荷载进行试验。

4.2.2　试验观测和测点布置

1. 挠度测量

受弯构件最主要量测跨中的最大挠度值 f_{max} 和弹性挠度曲线。

为了测得真正的 f_{max}，同时还必须量测构件两端支座处支承面的刚性位移或沉降值，所以至少要按图 4-2(b) 所示布置 3 个测点。$f_{max} = f_1 - (f_2 + f_3)/2$，在测量试件的变形时，应测量记录各位移传感器的相位，并在数据分析中进行修正。

如果要得到试件在变形后的弹性挠度曲线，则应增加至 $5\sim7$ 个测点，并沿试件的跨间对称布置，如图 4-2(b) 所示。

对于宽度较大的单向板，一般均需在板宽的两侧布点，当有纵肋的情况下，挠度测点可按测量梁的挠度的原则布置于肋下。

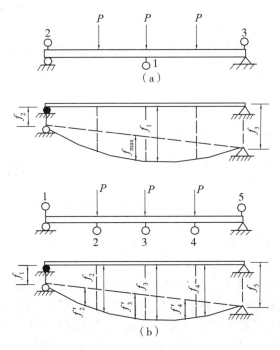

图 4-2　梁的挠度测点布置图

2. 应变测量

在梁承受正负弯矩最大的截面或弯矩突变的截面上布置测点。对于变截面的梁，则应在抗弯控制截面上布置测点（即在截面较弱而弯矩值较大的截面上）。有时，也需在截面急剧变化的位置上设置测点。

如果只要求测量弯矩引起的最大应力，则只需在梁截面的对称轴（图 4-3（a））上、下边缘纤维处安装应变计，或是在对称轴的两侧各设一个仪表，以求取它的平均应变量（注意正、负号）。

对于钢筋混凝土梁，为了求得截面上应力分布的规律和确定中和轴的位置，沿截面高度至少需要布置 5 个测点。如果截面高度较大时，还可沿截面高度增加测点数量（图4-3(b)）。对于布置在靠近中和轴位置处的仪表，在受拉区混凝土开裂以后，经常可以通过该测点读数值的变化来观测中和轴位置的上升与变动。

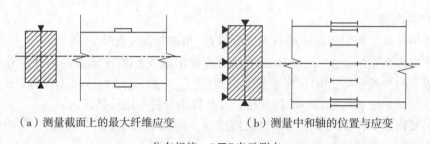

（a）测量截面上的最大纤维应变　　（b）测量中和轴的位置与应变

分布规律："▼"表示测点

图 4-3　测量梁截面上应变分布的测点布置图

图 4-4 为钢筋混凝土简支梁试验的应变测点布置图。截面 1—1 为纯弯曲区内测量正应力分布的单向应变测点。截面 2—2 为测量平面应变的直角应变网络，由三个方向测点的应变求得剪力与主应力的数值和分布规律。截面 3—3 为梁端零应力区布置的校核测点。

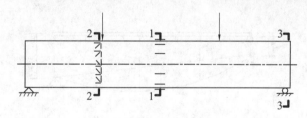

图 4-4　钢筋混凝土梁测量应变的测点布置图

为了探求混凝土开裂后受拉区的受力性能，在受拉区钢筋上布置内埋的应变计测点，可获得该处截面内力重分布的规律。

在梁的支座与集中荷载作用点之间的剪弯区内，混凝土表面应变测点可按截面 2—2 同样布置。为了研究梁的抗剪强度，还应在梁内弯起钢筋和钢箍上布置测点。

对于翼缘较宽而且厚度较薄的 T 形梁，应沿翼缘宽度布点，测量翼缘应力分布情况。对于腹板开孔的薄腹梁，由于孔边主应力方向已知，为此可按图 4-5 在圆孔周边每一象限内切向连续布置单向测点。如果能估计最大应力在某一象限，则可把测点集中在一个象限，其他象限内的测点数可减少。

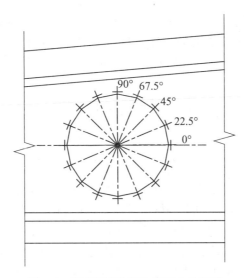

图 4-5　梁腹板圆孔周边混凝土的开裂

3. 裂缝测量

在弯矩最大的受拉区段内连续交错布置应变计来测量垂直裂缝开裂的时间与部位。如图 4-6 中的荷载应变曲线所示，当曲线产生突然转折的现象，即可判明它已开裂。裂缝的宽度可根据裂缝出现前后两级荷载所产生的仪器读数差值来表示，如果为连续记录的曲线，则曲线明显拐点即为开裂荷载。

当裂缝用肉眼可见时，其宽度可用最小刻度为 0.01mm 或 0.05mm 的读数放大镜测量。

斜截面上的主拉应力裂缝出现在剪力较大的区段内，由于混凝土梁的斜裂缝与水平轴成 45°左右的角度，因此仪器标距方向应与裂缝方向垂直，如图 4-6 所示。

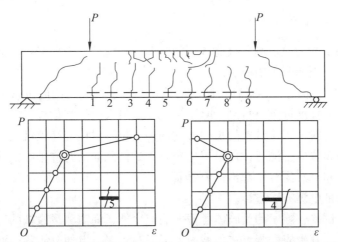

（a）应变计标距跨越裂缝的应变骤增（b）裂缝在应变计标距外的应变骤减

图 4-6　由荷载-应变曲线控制的应变测点布置图

每一构件中测定裂缝宽度的裂缝数目一般不少于3条，包括第一条出现的裂缝以及开裂最大的裂缝，取其中最大值为最大裂缝宽度值。垂直裂缝的宽度应在构件的侧向相应于受拉主筋高度处量测，斜裂缝的宽度应在斜裂缝与箍筋或弯起钢筋交汇处量测。同时还须量测每级荷载后裂缝扩展的长度和裂缝的间距，并在试件上标出，绘制裂缝展开图。

4.3 柱与压杆试验

4.3.1 试件安装和加载方法

对于柱和压杆试验可以采用正位或卧位试验的安装和加载方案。在有大型结构试验机条件时，试件可在长柱试验机上进行试验，也可以利用静力试验台座上的大型荷载支承设备和液压加载系统配合进行试验。但对于高大的柱子进行正位试验时，安装和观测均较费力，这时改用卧位试验方案(图4-7)比较安全，但安装就位和加载装置往往又比较复杂，同时在试验中要考虑卧位时结构自重所产生的影响。

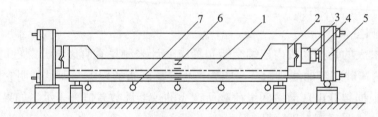

1—试件；2—铰支座；3—加载器；4—荷载传感器；5—荷载支承架；6—电阻应变计；7—挠度计

图4-7 偏心受压柱的卧位试验

当构件两端采用铰支座时，一般采用构造简单效果较好的刀口支座。

4.3.2 试验观测和测点布置

压杆与柱的试验一般观测各级荷载下的侧向位移值及变形曲线，控制截面或区域的应力变化规律以及裂缝开展情况。

如图4-8所示为偏心受压短柱试验时的测点布置。试件的侧向位移是由布置在受拉区边缘的百分表或挠度计进行量测，除了量测中点最大的侧移值外，可用侧向五点布置法量测侧移曲线。对于正位试验的长柱，它的侧向位移可用经纬仪观测。

受压区边缘布置应变测点，可以单排布点于试件侧面的对称轴线上或在受压区截面的边缘两排对称布点。压杆中部沿压杆截面高度布置5~7个应变测点。受拉区钢筋应变同样可以用内部电测方法进行。

对于双肢柱试验，除了测量肢体各截面的应变外，尚需测量腹杆的应变，以确定各杆件的受力情况。其中应变测点在各截面上下成对布置，以便分析各截面上可能产生的弯矩。

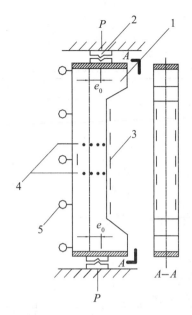

1—试件；2—铰支座；3—应变计；4—应变仪测点；5—挠度计

图 4-8　偏压短柱试验测点布置

4.4　屋架试验

4.4.1　试件安装和加载方法

屋架试验一般均采用正位试验，由于屋架的出平面刚度较弱，安装时必须设置侧向支撑，以保证屋架上弦受压时的侧向稳定。侧向支撑点的间距应不大于上弦杆出平面的设计计算长度。同时侧向支撑应不妨碍屋架在受载平面内的竖向位移。

图 4-9 是一般采用的几种屋架侧向支撑方式。在施工现场进行屋架试验时还可以采用两榀屋架对顶的卧位试验。这时对用作支承平衡的一榀屋架必须作适当的加固。

屋架进行非破坏性试验时，在现场也可以采用两榀屋架同时试验的方案，这时出平面稳定问题可用图 4-9(c) 的 K 形水平支承体系来解决，也可以用大型屋面板做水平支撑。

屋架试验时支承方式与梁试验相同，由于屋架受载后下弦变形伸长，所以支座上的支承垫板应留有充分余地。

在屋架试验中由于施加多点集中荷载，所以采用同步液压加载是最理想的方案，液压加载器活塞应有足够的有效行程，适应结构大挠度变形的需要。

4.4.2　试验观测和测点布置

1. 屋架挠度和节点位移的测量

屋架的跨度较大，测量其挠度的测点宜适当增加。可按照图 4-10 所示布置挠度测

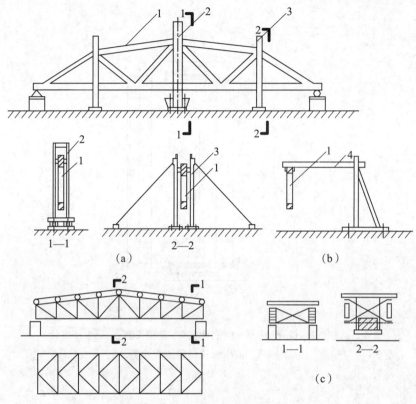

1—试件；2—荷载支承架；3—拉杆式支承的立柱；4—水平支撑杆

图 4-9　屋架试验时侧向支承形式

点。对于预应力混凝土屋架，还需要测量因下弦施加预应力而使屋架产生的反拱值。

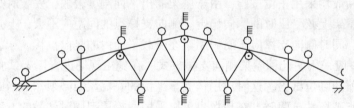

◯—测量屋架上下弦节点挠度及端节点水平位移的百分表或挠度计；

⦿—测量屋架上下弦杆出平面水平位移的百分表或挠度计；

▤—钢尺或米厘纸标尺，当挠度或变位较大时用以量测挠度

图 4-10　屋架试验挠度测点布置

2. 屋架杆件的内力测量

屋架杆件的内力可以通过布置在杆件上的应变测点由量测的应变来确定。在弹性阶段工作时，一个杆件截面上布置的应变测点数量只要等于未知的内力数时，就可以用材料力学的公式求出全部未知内力数值。一般情况，在一个杆件截面上产生法向应力的内力有轴向力 N、弯矩 M_x 和 M_y，有时还可能有扭矩作用。因此应变测点在杆件截面上布

76

置的位置如图 4-11 所示。

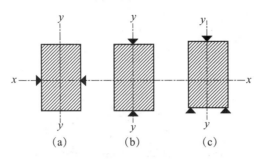

（a）只有轴力 N 作用；（b）有轴力 N 和弯矩 M_x 作用；（c）有轴力 N 和弯矩 M_x、M_y 的作用

图 4-11　屋架杆件截面上应变测点布置方式

　　为了正确求得杆件内力，测点所在的截面位置要经过选择。图 4-12 为预应力钢筋混凝土屋架试验测量杆件内力的测点布置。如果仅希望测得杆件的轴力或轴力和弯矩组合影响下的应力，测点应布置在杆件中间的 1—1 截面；如果要求测量由节点刚度产生的次弯矩影响，测点应布置在紧靠节点的杆件 2—2 截面；不能将测点布置在节点上。

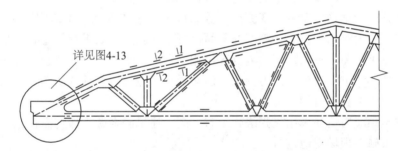

图 4-12　预应力钢筋混凝土屋架试验测量杆件内力测点布置

3. 屋架端节点应力与预应力锚头性能测量

　　屋架端部节点应力状态比较复杂，一般布置如图 4-13 所示的应变网络，求得节点上剪应力、主应力的数值和分布规律。在上、下弦杆交接的豁口处，可沿豁口周边布置单向应变测点。

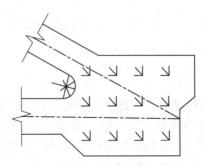

图 4-13　屋架端部节点上应变测点布置

预应力屋架还需要研究预应力锚头的性能和在传递预应力时对端节点的受力影响。当采用后张自锚预应力工艺时，可如图 4-14 所示布置纵横向应变测点，测量锚头对节点外框混凝土的影响。

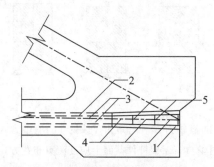

1—混凝土自锚锚头；2—屋架下弦预应力钢筋预留孔；3—预应力钢筋；
4—纵向应变测点；5—横向应变测点
图 4-14　屋架端节点自锚头部位测点布置

4. 屋架下弦预应力钢筋张拉应力测量

为测量屋架下弦的预应力钢筋在施工张拉和试验过程中的应力值以及预应力的损失情况，需在预应力钢筋上布置应变测点，测点位置通常布置在屋架跨中及两端头部位。如果屋架跨度较大时，则在 1/4 跨度的截面上可增加测点；如果有需要时，则预应力钢筋上测点位置可与屋架下弦杆上的测点部位相一致。在预应力钢筋上经常是用事先粘贴电阻应变计的办法进行量测其应力变化，但必须注意做好应变计的防潮防护措施，并将钢筋成束后送入下弦预留的孔道内部。

如果屋架预应力钢筋采用先张法施工时，则上述量测准备工作均需在施工张拉前到预制构件厂或施工现场就地进行。

5. 裂缝测量

预应力钢筋混凝土屋架要实测预应力杆件的开裂荷载值；量测使用状态试验荷载值作用下的最大裂缝宽度及各级荷载作用下的主要裂缝宽度。量测屋架端节点的斜裂缝，腹杆与下弦拉杆以及节点的交汇处的开裂状态。

在屋架试验的观测设计中，利用结构与荷载对称性的特点，经常在半榀屋架上考虑测点布置与安装主要仪表，而在另半榀屋架上仅布置若干对称测点，作为校核之用。

4.5　钢筋混凝土楼盖试验

4.5.1　试验荷载布置

平面楼盖经常是多跨连续结构，因此结构沿跨长方向加载时，为得到某跨的最不利弯矩就需要用相当数量的重力荷载。为了节省试验荷载的数量和试验加卸荷载的工作量，可以放弃对计算数值影响不大跨间的荷载。例如为了求得跨间的最大弯矩，就只在所研究的跨间以及隔一跨的相邻跨上加载(图 4-15(a)、图 4-15(b))，而为了求得最大的支座弯矩则可按图 4-15(c)、图 4-15(d)、图 4-15(e)所示方式加载，而产生的理论误差仅在 2%以内。

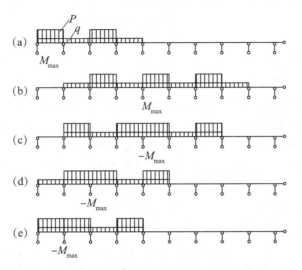

(a)在第一跨；(b)在中间跨；(c)在中间支座；(d)在第三支座；(e)在第二支座

图 4-15　为求得弯矩的计算值所用的连续梁式结构加载图

对于多跨连续结构，一般只需考虑五跨内荷载的相互影响，有时为了减少荷载数量和加载工作量，采用等效荷载的方法。如为求五跨连续梁中的最大计算跨间弯矩，可仅加载于所试验的跨间，而其他跨间则不加荷载。此时活载 P 的等效荷载 P_1 按图 4-16 的荷载图施加。

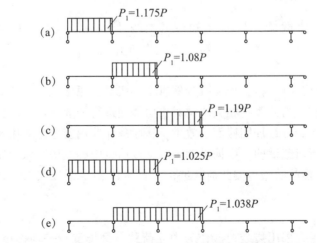

(a)第一跨；(b)第二跨；(c)第三跨；(d)第二支座；(e)在第三支座

图 4-16　多跨连续结构采用等效荷载加载布置图

当用跨间等效荷载加载时，应当注意检查相邻跨间负弯矩的出现，如果出现在数量上有不容许的负弯矩时，则应适当更改加载方法予以抵消。

楼盖试验常采用堆载法，但用重物堆载时，常会形成拱，使结构跨中所受的荷载变小，因此，堆载时应将重物分块堆放，减小重物的拱效应。用砂石等散体堆载，可有效降低拱效应。

4.5.2　试验观测

钢筋混凝土平面楼盖整体试验通常是非破坏性的。在观测中主要是以鉴定结构的刚度及抗裂性为主要依据，因此主要要测定结构梁板的挠曲变形，把结构的最大挠度及残余变形作为衡量结构刚度的主要指标。这时挠度测点的布置可按一般梁板结构的布置原则来考虑，试验梁板的挠度可在下一层楼内进行布点观测。为了考虑支座沉陷影响，可以将仪表架安装在次梁上，以测量板的挠曲从而很方便地自动消除作为板的支承点次梁的下沉影响。

对于已建建筑或受灾结构，为了观测结构受载后混凝土的开裂情况也必须在加载试验的同时观测结构各部分的开裂和裂缝发展情况，以便更好地说明结构的实际工作。

如果认为有必要，也可以通过应变测点同时量测梁板结构在承受荷载作用下的应力分布情况。楼盖的自重是楼盖所受的主要荷载之一，而试验时楼盖的自重已作用在楼盖上，所以楼盖内部已有内力，且发生了变形。这些变形一般可按弹性理论反推。楼盖试验一般是在几小时或几天内完成，不能反映楼盖在长期荷载作用下的性能。因此，有必要按相关规范根据试验结果推算楼盖在长期荷载作用下的性能。

4.6　结构静力加载实例

例 4-1　楼面荷载试验

本实例为生产性试验，与前述知识点 1.2.1、1.3.2 ~ 1.3.3、1.3.3 ~ 1.3.5、2.3.3、2.4.2~2.4.3 相关，以阐述相应知识点的应用。

1. 概述

某建筑物原设计为办公楼，现拟改为信息中心机房，原楼面设计承载力不能满足改造后的实际荷载要求，为此委托相关单位对机房楼面进行加固设计和施工。该项目采用碳纤维加固，为了解碳纤维加固楼面的效果，从而确保使用安全，对用碳纤维加固的楼板、次梁和主梁进行荷载试验。根据设计图纸，该信息中心机房区域使用活荷载标准值为 8.0kN/m^2，本次堆载试验也按此荷载进行。图 4-17 给出了三层 15 ~ 16/C ~ D 轴试验区域。

2. 试验方法

现场荷载试验中，采用袋装黄沙作为中立荷载，每袋黄沙平均称重为 0.20kN，试验时现场划分堆载网格，分 5 级进行加载，采用 YHD50 和 YHD100 位移传感器分别测量楼板、次梁和主梁在支座和跨中的竖向位移，通过换算得到相应构件的挠度。测试时，首先划出该板或梁承受荷载的区域，然后在该区域进行堆载。第一级加载达到 1.6kN/m^2，第二级加载达到 3.2kN/m^2，第三级加载达到 4.8kN/m^2，第四级加载达到

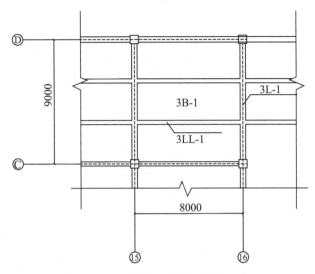

图 4-17　三层测试区域图(单位：mm)

$6.4 kN/m^2$，第五级加载达到 $8.0 kN/m^2$。各级加载完成后记录各测点的读数，经换算得到梁的跨中挠度。

3. 试验结果

测试结果见表 4-1、表 4-2、表 4-3 及图 4-18、图 4-19、图 4-20。楼板和主梁未发现可见裂缝，次梁在试验前发现有微裂缝，在加载过程中裂缝未明显发展。

表 4-1　　　　　　　　　　　**信息中心三层楼板 3B-1 测试结果**

荷载值 /(kN/m²)	测点数据					
	2#测点(北侧支座)		3#测点(跨中)		4#测点(南侧支座)	
	测试值 /με	换算值 /mm	测试值 /με	换算值 /mm	测试值 /με	换算值 /mm
0	0	0.00	0	0.00	0	0.00
1.6	82	0.41	151	0.76	73	0.37
3.2	168	0.84	304	1.52	148	0.74
4.8	251	1.26	459	2.30	221	1.11
6.4	337	1.69	615	3.08	295	1.48
8.0	422	2.11	778	3.89	366	1.83
实测挠度/mm	1.92					
允许挠度/mm	14.0					
是否满足要求	是					

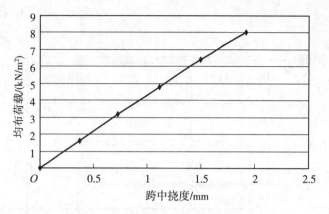

图 4-18 三层楼板 3B-1 荷载挠度曲线

表 4-2   **信息中心三层次梁 3LL-1 测试结果**

荷载值 /（kN/m²）	测点数据					
	1#测点（西侧支座）		4#测点（跨中）		6#测点（东侧支座）	
	测试值 /με	换算值 /mm	测试值 /με	换算值 /mm	测试值 /με	换算值 /mm
0	0	0.00	0	0.00	0	0.00
1.6	3	0.02	73	0.37	19	0.10
3.2	6	0.03	148	0.74	40	0.20
4.8	10	0.05	221	1.11	63	0.32
6.4	12	0.06	295	1.48	86	0.43
8.0	15	0.08	366	1.83	110	0.55
实测挠度/mm	1.52					
允许挠度/mm	40.0					
是否满足要求	是					

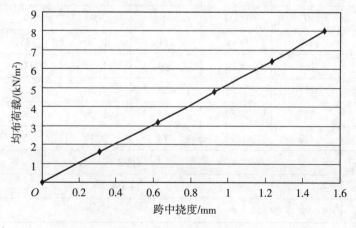

图 4-19 三层次梁 3LL-1 荷载挠度曲线

表 4-3　　　　　　　　　　信息中心三层主梁 **3L-1** 测试结果

荷载值 /(kN/m²)	测点数据					
	5#测点(北侧支座)		6#测点(跨中)		7#测点(南侧支座)	
	测试值 /με	换算值 /mm	测试值 /με	换算值 /mm	测试值 /με	换算值 /mm
0	0	0.00	0	0.00	0	0.00
1.6	3	0.02	36	0.18	1	0.01
3.2	6	0.03	74	0.37	−2	−0.01
4.8	10	0.05	110	0.55	0	0.00
6.4	12	0.06	145	0.73	2	0.01
8.0	15	0.08	182	0.91	5	0.03
实测挠度/mm	0.86					
允许挠度/mm	14.0					
是否满足要求	是					

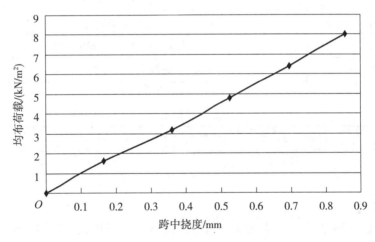

图 4-20　三层主梁 3L-1 荷载挠度曲线

①加固的板、主梁未开裂，次梁满足规范规定的裂缝宽度检验要求；
②加固的板、次梁、主梁满足规范规定的挠度检验要求；
③加固的板、次梁、主梁可以在正常使用状态下满足设计荷载要求。

例 4-2　碳纤维布加固钢筋混凝土梁负弯矩区试验

本实例为研究性试验，与前述知识点 1.2.2、1.3.1～1.3.5、2.2.3、2.3.2～2.3.3 相关，以阐述相应知识点的应用。

1. 试件的设计与制作

试验梁为矩形截面连续梁，截面尺寸为 $b \times h = 100\text{mm} \times 200\text{mm}$，长度 $l = 4200\text{mm}$，净

跨 $l_0 = 2000$mm，共两跨。截面示意及配筋如图 4-21 所示。混凝土设计强度等级为 C30，混凝土立方体试块抗压强度 37MPa。加固梁碳纤维粘贴在梁顶面中支座两侧 1500mm 范围内，试验梁的编号及补强加固情况见表 4-4，CFRP 性能指标见表 4-5。

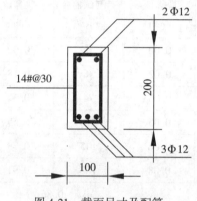

图 4-21　截面尺寸及配筋

表 4-4　　　　　　　　　　　　试验梁的编号和加固情况

试验梁编号	中支座负弯矩区加固情况
A-0	未加固
A-1	粘贴一层 100mm 宽碳纤维
A-2	粘贴两层 100mm 宽碳纤维

表 4-5　　　　　　　　　　　　CFRP 性能指标

型号	拉伸强度/MPa	弹性模量/GPa	伸长率	厚度/mm
东丽 XEC-300	3500	210	1.5%	0.167

2. 试验加载

加载方式为跨中加载，由分配梁实现在两跨跨中同时加载。采用分级加载的方式，每级荷载不超过预估值的 10%，在接近梁的开裂荷载时，适当减少加荷级别以确定开裂弯矩，在混凝土开裂后，为取得连续数据，采用连续加载直至破坏。根据研究目的，在试验过程中重点量测包括梁跨中和中间支座处截面的平均应变、梁跨中受拉区混凝土应变、裂缝的形态及发展、CFRP 的应变、荷载-转角关系曲线及跨中挠度随荷载变化，测点布置如图 4-22 所示。试验装置示意图如图 4-23 所示。

采用千斤顶加载，采用 DH3817 动静态应变采集系统采集数据，每 3s 采集一次数据。三个支座处采用 YHD50 型位移传感器，两个跨中采用 YHD100 型位移传感器。采用 BX120-50AA 型应变片测量混凝土应变，采用 BX120-20AA 型应变片测量 CFRP 应变。

3. 试验结果分析

（1）试验现象

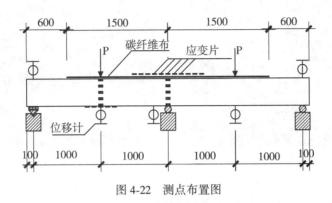

图 4-22　测点布置图

图 4-23　试验加载装置图

A-0 试件(未加固)在试验过程中，当荷载达到 28kN 时，跨中底部首先出现竖向裂缝；当荷载达到 32kN 时，中间支座负弯矩区上部出现竖向裂缝；随着荷载的增大，梁出现肉眼可辨挠度；当荷载达到 97kN 时，跨中支座负弯矩区段一条竖向主裂缝从上到下逐渐贯通整个截面，随着中间支座主裂缝的增大，两跨跨中分别出现贯穿整个截面的裂缝；当荷载达到 107kN 后，连续梁跨中受压段上部混凝土被压碎破坏。

A-1 和 A-2 试件在试验过程中，当荷载分别达到 33kN 和 37.5kN 时，中间支座负弯矩区上部首先出现竖向裂缝；当荷载分别达到 39kN 和 55kN 时，跨中底部出现竖向裂缝；当荷载分别达到 81kN 和 89kN 时，跨中支座负弯矩区段出现倒"八"字形弯剪斜裂缝，斜裂缝首先出现在上部受拉部位，然后逐渐向中间支座处延伸；随着荷载的增加，斜裂缝附近 CFRP 出现剥离并伴随微小的啪啪声，斜裂缝加宽并延伸，CFRP 剥离的面积逐渐向两侧发展；当荷载分别达到 100kN 和 105kN 时，跨中负弯矩区段一条斜裂缝贯穿截面；紧邻破坏时，中间支座负弯矩区段 CFRP 出现较大面积剥落；当荷载分别达到 119kN 和 127kN 时，梁发生斜拉破坏；A-1 梁斜裂缝与平面呈 45°角，A-2 梁斜裂缝与平面呈 30°角。A-1 梁破坏状态如图 4-24 所示，A-2 梁破坏状态如图 4-25 所示。裂缝开展情况见表 4-6。

由表 4-6 可知，相对于未加固梁 A-0，经过碳纤维对负弯矩区加固的连续梁，裂缝出现较晚，裂缝的平均间距也比未加固梁小得多。

图 4-24　A-1 中间支座处斜裂缝　　　　图 4-25　A-2 中间支座处斜裂缝

表 4-6　　　　　　　　　　　梁裂缝开展情况

试件编号	跨中开裂荷载/kN	中支座开裂荷载/kN	破坏时跨中裂缝平均间距/mm	破坏时中支座裂缝平均间距/mm
A-0	28	32	31	45
A-1	33	39	22	28
A-2	37.5	55	—	—

注：裂缝平均间距为跨中和中间支座处左右各 100mm 以内所有裂缝的平均距离。

（2）沿梁高的平均应变

中支座混凝土应变沿梁高的分布见图 4-26。从图中可以看出，与普通钢筋混凝土梁一样，CFRP 加固负弯矩区后的连续梁，在一定范围内，其平均应变的分布可以认为符合平截面假定。因此，在分析和计算中，可以把平截面假定作为一个基本假定。

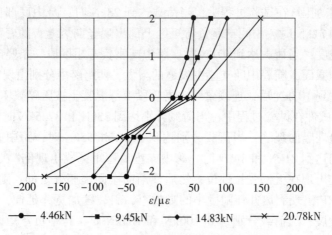

图 4-26　A-1 中支座截面沿梁高的应变分布

（3）受弯承载力

在试验过程中，未经过加固的连续梁，在两跨跨中和中间支座处均出现弯曲裂缝，最后受压区混凝土被压碎，发生适筋梁弯曲破坏。经过一层 CFRP 和两层 CFRP 加固的梁，最终在中间支座处出现一条弯剪斜裂缝，发生斜拉破坏。表 4-7 列出了主要的试验结果。

表 4-7　　　　　　　　　　　受弯承载力试验结果

试件编号	开裂荷载/kN		屈服荷载/kN		极限荷载/kN	
	试验值	提高程度	试验值	提高程度	试验值	提高程度
A-0	28	—	83	—	107	—
A-1	33	17.8%	89	7.2%	119	11.2%
A-2	37.5	33.9%	87	4.8%	127	18.7%

注：提高程度是指各试件相对于未加固的试件而言。

由表 4-7 可知，通过 CFRP 在负弯矩区加固后，钢筋混凝土连续梁的开裂弯矩和极限弯矩均有所增长，在粘贴一层 CFRP 后开裂弯矩和极限弯矩分别增加 17.8% 和 11.2%，在粘贴两层 CFRP 后开裂弯矩和极限弯矩分别增加 33.9% 和 18.7%；而屈服弯矩变化不大，粘贴一层和两层 CFRP 后连续梁的屈服弯矩分别增加 7.2% 和 4.8%。可知，采用 CFRP 对连续梁的负弯矩区加固后，连续梁的开裂弯矩和极限弯矩的增长幅度随着粘贴 CFRP 的增多而增大。

鉴于加固后的连续梁最终由于弯剪组合作用破坏，负弯矩区的 CFRP 没有被拉断即未完全发挥作用，因此如果能够提高连续梁的抗剪能力会得到更好的加固效果。使用粘贴 U 形 CFRP 加固混凝土梁可以有效地提高混凝土梁受剪承载力，抑制斜裂缝的开展。所以在加固混凝土连续梁负弯矩区的同时在梁的侧面粘贴 U 形 CFRP 提高抗剪能力，连续梁极限承载力还会有所提高。

（4）挠度

各试验梁在加载过程中跨中挠度变化的比较见图 4-27 和图 4-28。由该图及试验数据分析发现：在加载初期，各试验梁的挠度相差不大；在受拉区混凝土开裂后，尤其在梁屈服后，未加固试验梁的挠度急剧增长，而加固后的梁挠度在屈服后荷载继续增加时仍然增长缓慢，加固后的梁最后挠度的突然增大是由于斜裂缝的贯穿而导致。当试件开

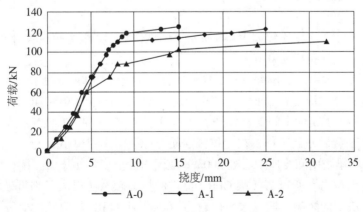

图 4-27　试验梁左跨荷载-挠度曲线

裂后，在相同荷载下，加固后的梁挠度均小于未加固梁的挠度，这种差异在梁屈服前较小，在梁屈服后差异越来越大。在相同荷载下，用一层 CFRP 加固的梁与用两层 CFRP 加固后的梁挠度相差不大。在破坏时，梁挠度见表 4-8。

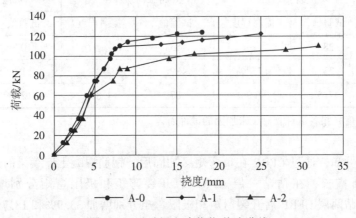

图 4-28　试验梁右跨荷载-挠度曲线

表 4-8　　　　　　　　　　　　　　　　　　梁破坏时的挠度

试件编号	左跨挠度/mm		右跨挠度/mm	
	试验值	降低程度	试验值	降低程度
A-0	33	—	42	—
A-1	28	15.2%	38	9.5%
A-2	19	42.4%	17	59.5%

注：提高程度是指各试件相对于未加固的试件而言。

由表 4-8 的数据可以看出，通过 CFRP 在连续梁负弯矩区加固，可以显著提高连续梁的抗弯刚度，粘贴一层 CFRP 可使连续梁跨中挠度至少减小 9.5%，粘贴两层 CFRP 可使连续梁跨中挠度至少减小 42.4%。

（5）CFRP 应变

两根试件 CFRP 应变比较如表 4-9 所示，两试件 CFRP 最大拉应变分别为 0.0056 和 0.0044，均小于允许拉应变 0.01。

A-1 梁和 A-2 梁中间支座处、A-1 梁距中间支座中心 100mm 处和 200mm 处的应变开始很小，这三处的应变在 30kN 左右开始迅速增长，而 A-2 梁在 40kN 左右开始增长较快。A-1 梁和 A-2 梁的中间支座处开裂弯矩分别为 33kN 和 37.5kN，这说明 CFRP 在受拉区混凝土开裂后开始工作，在受拉区混凝土开裂前作用很小。

此外，A-2 梁距中间支座中心处 200mm 范围内的应变均小于 A-1 梁，考虑 A-2 梁有两层 CFRP 产生拉力，所以 A-2 梁 CFRP 提供的拉力较 A-1 梁大。临近破坏阶段 CFRP 剥离对 CFRP 应变的影响，所以采用荷载为 100kN 时 CFRP 的应变为研究对象，A-2 梁两层 CFRP 粘贴牢固，无滑移现象。因此可知在中间支座左右 200mm 范围内，A-2 梁

CFRP 提供的拉力比 A-1 梁大 50%左右，即在连续梁负弯矩区增加一层 CFRP 可多提供 50%左右的拉力。

表 4-9 试验梁碳纤维应变比较

荷载 /kN	中支座处/$\mu\varepsilon$		距中支座 20cm 处/$\mu\varepsilon$		距中支座 30cm 处/$\mu\varepsilon$		距中支座 40cm 处/$\mu\varepsilon$	
	A-1	A-2	A-1	A-2	A-1	A-2	A-1	A-2
10	35	19	39	0	26	−7	14	−15
20	96	79	78	40	51	33	28	0
30	348	157	126	85	80	67	43	16
40	902	379	215	137	104	109	58	40
50	1470	1035	343	200	121	146	67	58
60	1820	1399	638	607	156	183	104	73
70	2111	1733	833	939	165	233	113	90
80	2444	2023	1227	1360	204	365	126	106
90	2806	2305	2200	1647	235	903	131	143
100	3428	2594	2578	1908	292	1354	128	207
110	5628	3264	3296	2363	1747	2008	140	751
120	—	4414	—	3087	—	2422	—	1893

4. 结论

通过以上的试验研究与分析，可以得到以下几点：

①CFRP 加固钢筋混凝土连续梁负弯矩区，截面的平均应变仍然符合平截面假定。在计算分析中，平截面假定可作为一个基本假定。

②试验研究证明，使用 CFRP 加固钢筋混凝土连续梁负弯矩区的加固方法是有效的。粘贴 CFRP 后，连续梁的抗弯承载力明显提高，CFRP 在混凝土开裂后开始工作，在负弯矩区每粘贴一层 CFRP 连续梁极限荷载提高 10%左右。由于斜裂缝的开展导致连续梁发生斜拉破坏，受弯加固的同时进行抗剪加固可以提高加固效果。

③CFRP 的使用可以延缓裂缝的出现，每粘贴一层 CFRP 开裂荷载提高 17%左右，而且裂缝间距变小。

④连续梁受弯承载力随着 CFRP 用量的增加而提高。试验研究发现，CFRP 存在使用效率的问题，随着 CFRP 层数的增多，提高程度减小，同一截面内粘贴两层 CFRP 比粘贴一层时提供的拉力增加 50%左右。

⑤粘贴 CFRP 的连续梁的挠度小于未加固的梁，粘贴一层 CFRP 连续梁的跨中挠度至少减小 9.5%，粘贴两层 CFRP 连续梁的跨中挠度至少减小 42.4%。CFRP 的使用增加了连续梁的抗弯刚度。

第5章 结构动力试验

5.1 结构动力特性量测方法

建筑结构动力特性是反映结构本身所固有的动力性能。它的主要内容包括结构的自振频率、阻尼系数和振型等一些基本参数，也称动力特性参数或振动模态参数。

结构动力特性试验的方法主要有人工激振法和环境随机振动法。人工激振法又可分为自由振动法和强迫振动法。

5.1.1 人工激振法测量结构动力特性

1. 结构自振频率测量

（1）自由振动法

在试验中采用初位移或初速度的突卸或突加荷载的方法（例如人跳跃、锤击等），使结构受一冲击荷载作用而产生有阻尼的自由振动。通过测量仪器的记录，可以得到结构的有阻尼自由振动曲线（图5-1）。根据波峰之间的时间坐标差值，可量取被测结构振动的周期 T，由此求得结构的自振频率 $f = 1/T$。为精确起见，可多取几个波形，以求得其平均值。

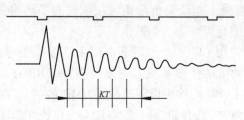

图 5-1　有阻尼自由振动曲线

（2）强迫振动法

强迫振动法也称共振法。采用偏心激振器对结构施加周期性的简谐振动，在模型试验时可采用电磁激振器激振，使结构或模型产生强迫振动，得到结构的共振曲线（图5-2），ω_1、ω_2、ω_3 分别为结构的一阶、二阶和三阶自振频率。自由衰减法一般只能得到结构在量测方向上的一阶自振频率，而强迫振动法可得到结构多阶自振频率。

2. 结构阻尼的测量

（1）自由振动法

利用自由振动法实测的振动曲线图形（图5-3）所得的振幅变化确定阻尼比：

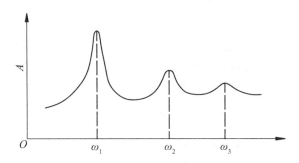

图 5-2　结构受强迫振动时的共振曲线

$$\zeta = \frac{1}{2\pi}\ln\frac{x_n}{x_{n+1}} \tag{5-1}$$

式中：$\ln\dfrac{x_n}{x_{n+1}}$ 又称为对数衰减率。

令

$$\lambda = nT = \ln\frac{x_n}{x_{n+1}} = 2\pi\zeta \tag{5-2}$$

式中：n——衰减系数。

结构的阻尼系数

$$C = 2mn = 2m\cdot\frac{2\pi\zeta}{T} = 2m\omega\zeta \tag{5-3}$$

在整个衰减过程中，不同的波段可以求得不同的 n 值。因此，在实际工作中经常取振动图中 K 个整周期进行计算（图 5-1），以求得平均衰减系数：

$$n_0 = \frac{\lambda_0}{T} = \frac{1}{KT}\ln\frac{x_n}{x_{n+K}} \tag{5-4}$$

式中：K——计算所取的振动波形数；

x_n，x_{n+K}——K 个整周期波的最初波和最终波的振幅值。

由于试验实测得到的有阻尼自由振动记录波形图一般没有零线，如图 5-4 所示。所以在测量结构阻尼时可采用波形的峰到峰的幅值，则对数衰减率 λ 为：

$$\lambda = 2\frac{1}{K}\ln\frac{x_n}{x_{n+K}} = \frac{2}{K}\ln\frac{x_n}{x_{n+K}} \tag{5-5}$$

或

$$\lambda = 4.6052\frac{1}{K}\log\frac{x_n}{x_{n+K}} \tag{5-6}$$

阻尼比为

$$\zeta = \frac{\lambda}{2\pi} \tag{5-7}$$

式中：x_n——第 n 个波的峰峰值；

x_{n+K} ——为第 $n+K$ 个波的峰峰值。

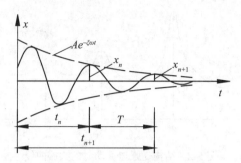

图 5-3   有阻尼自由振动波形图

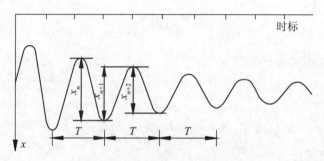

图 5-4   无零线的有阻尼自由振动波形图

（2）强迫振动法

由单自由度有阻尼强迫振动运动方程可以得到动力系数（放大系数）$\mu(\theta)$ 为：

$$\mu(\theta) = \frac{1}{\sqrt{\left(1 - \dfrac{\theta^2}{\omega^2}\right)^2 + 4\zeta^2 \dfrac{\theta^2}{\omega^2}}} \tag{5-8}$$

如果以 $\mu(\theta)$ 为纵坐标，以 θ 为横坐标，即可画出动力系数（共振曲线）的曲线，如图 5-5 所示。

按照结构动力学原理，用半功率法（0.707 法）可以由共振曲线确定结构阻尼比 ζ。

在共振曲线图的纵坐标上取 $\dfrac{1}{\sqrt{2}} \cdot \dfrac{1}{2\zeta}$ 值，即 $0.707\mu(\theta)$ 处作一水平线，使之与共振曲线相交于 A、B 两点，对应于 A、B 两点在横坐标上得 ω_1、ω_2，即可求得衰减系数和阻尼比。

衰减系数

$$n = \frac{\omega_1 - \omega_2}{2} = \frac{\Delta\omega}{2} \tag{5-9}$$

结构的阻尼比

$$\zeta = \frac{n}{\omega} = \frac{\omega_1 - \omega_2}{2\omega} = \frac{1}{2}\frac{\Delta\omega}{\omega} \tag{5-10}$$

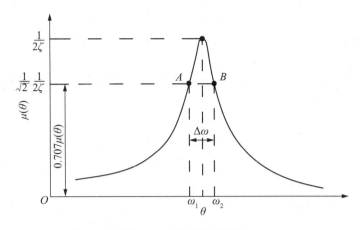

图 5-5　动力系数曲线图

3. 结构振型测量

结构振动时，结构上各点的位移、速度和加速度都是时间和空间的函数。结构在某一固有频率振动时，将各点位移连接起来形成一定形式的曲线，就是结构在对应某一固有频率下的一个不变的振动型式，称为对应该频率时的结构振型。

图 5-6 所示为上海五层砌块房屋整体结构动力特性试验中，采用反冲激振器激振，由布置在屋面和各层楼面的磁电式测振传感器经放大器后将信号输入光线振子示波器记录所得的相应于基本频率时的主振型曲线。振型曲线是倒三角形分布，以剪切型为主。

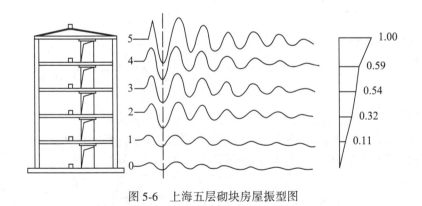

图 5-6　上海五层砌块房屋振型图

5.1.2　环境随机振动法测量结构动力特性

人们在试验观测中发现，建筑结构内由于受外界的干扰而经常处于微小而不规则的振动之中，其振幅一般在 $10\mu m$ 以下（0.01mm）的称为脉动。

建筑物的脉动与地面脉动、风或气压变化有关，特别是受城市车辆、机器设备等所产生的扰动和附近地壳内部小的破裂以及远处地震传来的影响尤为显著，其脉动周期为 $0.1\sim0.8s$。由于在任何时候都存在着环境随机振动，从而引起建筑物的响应。

建筑物的脉动源都是不规则的随机变量，在随机理论中这种无法用确定的时间函数描述的变量称为随机过程，因此建筑物的脉动也必定是一个随机过程。由于地面脉动所包含的频谱是相当丰富的，因此建筑物的脉动就有一个重要的特性，即它能明显地反映出建筑物的固有频率和自振特性。

采用环境随机振动激振测定结构动力特性的最大优点是不再需要用人工激振，因此特别适用于量测整体结构的动力特性。

建筑物的脉动是由随机的地面脉动源所引起的响应，它也是一种随机过程。随机振动是一个复杂的过程，每重复一次所取得的每一个样本都是不同的，如果单个样本在全部时间上所求得的统计特性与在同一时刻对振动历程的全体所求得的统计特性相等，则称这种随机过程为各态历经的。对实际结构而言，其振动信号并不满足各态历经的假定。为了减小各态历经假定带来的误差，应延长采样时间，取得足够多的样本，再通过频率分析得到结构振动反应的功率谱、传递函数等，功率谱或传递函数对应的峰值一般为结构的自振频率。用半功率点法即可得到结构对应自振频率的阻尼比。由于谱分析时采用的分析点数影响频率的分辨率，所以采用半功率点法计算阻尼比时必须有合适的（较高）分辨率。

与一般振动问题相类似，随机振动问题也是讨论系统的输入（激励）、输出（响应）以及系统的动态特性三者之间的关系。

在各态历经平稳随机过程的假定下，脉动源的功率谱密度函数 $S_x(\omega)$ 与建筑物反应功率谱密度函数 $S_y(\omega)$ 之间存在着以下关系：

$$S_y(\omega) = \left| H(i\omega) \right|^2 \cdot S_x(\omega) \qquad (5\text{-}11)$$

式中：$H(i\omega)$ ——传递函数；

ω ——圆频率。

由随机振动理论可知：

$$H(i\omega) = \frac{1}{1 - \left(\dfrac{\omega}{\omega_0}\right)^2 + 2i\zeta\dfrac{\omega}{\omega_0}} \qquad (5\text{-}12)$$

由以上关系可知，当已知输入输出时，即可得到传递函数。

从频谱分析法人们可以利用功率谱得到建筑物的自振频率。如果输入功率谱是已知的话，除了可以得到基频外，还可以得到高阶频率、振型和阻尼。

5.2 结构动力反应量测方法

在生产鉴定性试验中，经常要求量测工业厂房中设备运转和吊车运行、各类车辆通过以及高层建筑、高耸构筑物在风荷载作用下产生的振动。由于是研究结构在实际荷载作用下的动态响应，所以试验时只要布置测点、选择合适的仪表，即可在现场量测结构响应的动态参数和振动形态。

5.2.1 结构动态参数的测量

一般经常要测量结构特定部位的动态参数有振幅、频率（或频谱）、加速度和动应变等。在量测时必须记录相应参数的振动时程曲线。

振幅的测点应选择在估计可能产生最大值的部位，或根据生产工艺的要求，对振幅有特殊限制的地方。

在测量振幅时，要注意结构在强迫振动荷载作用下，既有静变形（或是频率很低的变形），也有动变形。图 5-7 为吊车在吊车梁上运行时，跨中挠度就是静变形和振幅的叠加。

$$f_{max} = f_s + a_d \qquad\qquad (5\text{-}13)$$

式中：f_s——最大静挠度；

a_d——最大静挠度处的振幅值。

对于复杂的振动（图 5-8），最大振幅值取最大波幅峰峰值 a_{max} 的一半，还需要量出高频振动的振幅 a_1 和 a_2，可由此判断各种振源的动力影响。

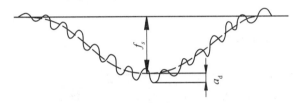

图 5-7 吊车荷载作用下吊车梁的挠度图

图 5-8 复杂振动的波形图

为了校核结构动力强度，应将动应变测点布置在受力最大，最危险的控制截面上，由动应变曲线求得动应变数值和振动频率。

在工业厂房中经常要求测量某种振源（如锻锤、水爆清砂，空气压缩机等）引起的振动在建筑物内地面和楼层传布和衰减的情况。如图 5-9 所示，可在各测点量测振幅，以振源处实测振幅为 1，与之相比求得各点的衰减系数。此外，还可通过在地面和楼层不同测点的振动记录曲线求得振动在土壤和楼层中传播的速度。

5.2.2 结构振动形态的测量

在动力荷载作用下，布置多台测振传感器测量结构各点振幅的联线，可得到结构的动态弹性曲线，亦即结构的振动变位图。当结构振动是稳态时，可以仅用一台仪器逐点测量，使用多台仪器同时测定时，必须注意多台仪器之间的同步与相位。由双悬臂梁的五个测点的振动记录绘制的动态弹性变形曲线图（图 5-10）可以看出，测点 1、测点 5 的

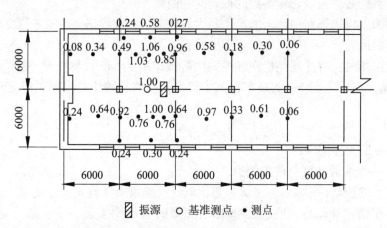

图 5-9　振源影响传布图（单位：mm）

振幅相位正好与其他各点相差 180°。

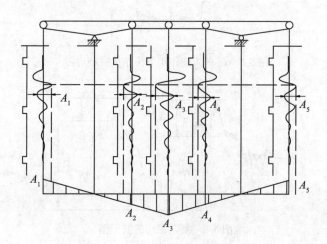

图 5-10　双悬臂梁的振动弹性曲线图

5.2.3　结构动力系数的测量

移动荷载作用于结构产生的动力挠度要比静载作用产生的挠度值大，两者的比值即为动力系数。

试验量测时，可先使移动荷载以最慢的速度驶过结构，测得挠度如图 5-11（a）所示，然后再使荷载以各种不同速度驶过，使结构产生相应的动挠度如图 5-11（b）所示，即可求得结构在不同速度移动荷载作用下的动力系数 K_d

$$K_d = \frac{Y_d}{Y_s} \tag{5-14}$$

式中：Y_d ——最大动挠度；

　　　Y_s ——最大静挠度。

这种方法适用于工业厂房中有轨移动的吊车荷载。对于无轨移动荷载(如公路桥梁上的汽车荷载),则将移动荷载一次高速通过试验结构测得挠度曲线如图 5-11(c)所示。取曲线最大值为 Y_d,在曲线上绘出中线,则相应于 Y_d 处的中线纵坐标为 Y_s,同样可求得动力系数 K_d。

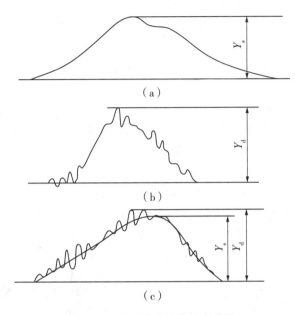

(a)

(b)

(c)

图 5-11 移动荷载试验挠度曲线

5.3 结构动力试验实例

例 5-1 某办公楼动力特性测试

1. 建筑结构概况

该办公楼原为漂染车间,为一幢三层带半夹层的建筑物,Y 向为南北向双跨结构,跨度为 9.5m,X 向为七个开间,柱距为 5.8m。南北向轴线总长为 33.8m,东西向轴线总长为 40.6m。该楼于 1994 年被改造成为办公楼,在原有车间室内地坪向下开挖,增加一层半地下室作为车库,并在原有屋面增加办公用房二层,同时将 4.17m 标高(位于原有结构的底层和二层之间)的原有半夹层扩建成为一整个楼层(成为改建后大楼的二层楼面),其余的原有钢筋混凝土楼、屋面结构给予保留,改建后成为一座带半地下室的六层建筑,建筑面积约 6800m²。层高及标高:室外地坪标高 -0.20m,相当于绝对标高 4.30m,地下室层高为 2.37m,底层层高为 3.00m,二层层高为 3.30m,三、四层层高均为 4.50m,五、六层层高分别为 3.00m、3.40m,屋面女儿墙高 0.90m,大屋面标高为 22.90m。

2. 测试方案

(1)振动测试目的及原理

实际足尺建筑物的动力特性测定，因为采用了高性能高灵敏度的传感器和高性能的采集分析设备，已经可以利用建筑物的脉动来进行试验。利用脉动试验确定结构物的动力特性是一种有效而简单的方法，对建筑物没有损伤也不影响建筑物内正常的工作进行。建筑物的脉动试验主要基于以下的三条试验假定：

①假设建筑物的脉动是一种各态历经的随机过程；

②对多自由度体系，多个激振输入时，在共振频率附近测得的物理坐标的位移幅值，近似地认为是纯模态的振型幅值；

③假设脉动源的频谱是较平坦的，近似地认为是有限带宽白噪声，即功率谱是一个常数。

（2）振动测试设备

本次现场测试所采用的仪器设备主要是高灵敏度的压电式加速度传感器 Lance LC0132T 和高性能的采集分析设备 SVSA。

（3）测点布置

①从地下一层（B1F）到屋面层（RF）每层布置传感器，分别在靠近结构两端的两个楼梯间进行结构振动测试，定义相应测点为 1 和 2，先进行 X 向、Y 向水平测试，再进行 Z（竖）向振动测试，测点位置如图 5-12 所示，测站位于三层。

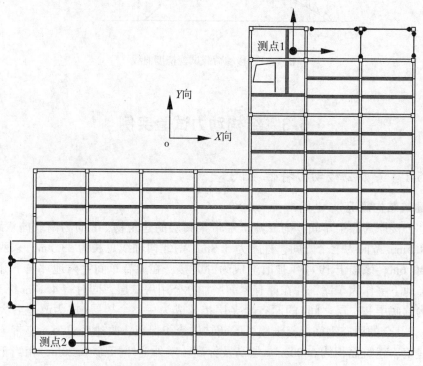

图 5-12　振型测点平面布置示意图

②在结构屋面上进行结构频率和阻尼的测试，测点位置如图 5-13 所示。

测试条件为环境激励（脉动下）的结构随机振动，通过分析测试数据得到频率、阻尼和振型等信息。

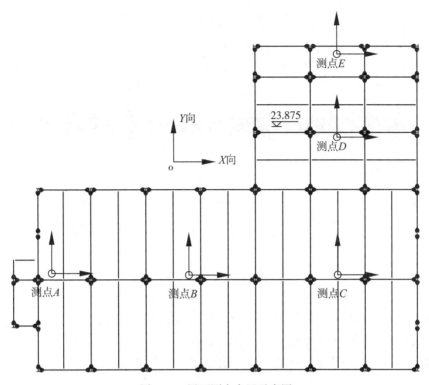

图 5-13　屋面测点布置示意图

3. 测试数据

每个工况采样频率为 50Hz，测试时间为 30 分钟左右，每次采集一个方向的振动数据，两个方向共得到 42 条结构水平向振动数据，各楼层典型的加速度时程记录如图 5-14所示。

4. 数据分析结果

（1）数据分析原理

①固有频率。无论在一个测点信号的自功率谱还是两个测点信号的互功率谱，在结构物固有频率的位置都会出现陡峭的峰值，分析所有测点的功率谱，固有频率的峰点将出现在所有谱或者至少大多数的记录信号中。在固有频率处，两测点输出信号之间的相干函数将接近 1，相角不是在 0 度附近就是接近 180 度。

②振型。确定固有频率后，用不同测点在固有频率处响应的比，可以获得结构的固有振型，可以利用自功率谱的幅值比或者从传递函数的幅值来确定振型幅值，第 m 阶振型 l 测点和 K 测点间振型相对比值公式如下：

$$\frac{_m\phi_l}{_m\phi_K} = \frac{\left| G_{Kl}^{V}(f_m) \right|}{\left| G_{KK}^{V}(f_m) \right|} \tag{5-15}$$

式中：$_m\phi_l$ ——第 m 阶振型 l 测点值；

　　　$_m\phi_K$ ——第 m 阶振型 K 测点值；

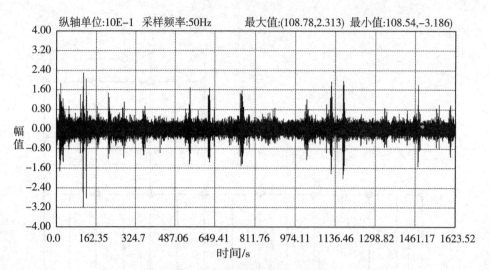

图 5-14 典型加速度时程曲线

$G_{Kl}^V(f_m)$ ——第 m 阶振型 l 测点和 K 测点间互功率谱；

$G_{KK}^V(f_m)$ ——第 m 阶振型 K 测点自功率谱。

③阻尼比。一般采用半功率点法计算阻尼比，公式如下：

$$\zeta_j = \frac{B_m}{2f_m} \qquad (5\text{-}16)$$

式中：B_m ——与第 j 阶振型有关的谱峰值的半功率点带宽；

　　　ζ_j ——与第 j 阶振型相应的阻尼比；

　　　f_m ——第 j 阶振型对应的频率值。

建筑的前几阶频率往往比较低，阻尼比又小，为了保证阻尼比估计的可靠性，一般需要较长的采样记录时间和较高的频率分辨率。

④扭转频率的识别。在结构屋面沿中心线布置 5 个传感器，分析得到各测点的功率谱图。由于测点位置在结构的两侧，所以功率谱上将反映扭转振动和平移振动的信号，如图 5-15、图 5-16 所示，而接近扭转中心处没有扭转振动频率或者幅值很小，如图 5-17、图 5-18 所示。比较上述 4 幅图，可以看到在结构两侧处扭转振动的频率幅值很明显，而且离扭心越远，谱值越大。通过谱分析得到位于扭转中心两侧的测点间各频率相应的相位，若相位在 180 度附近，则可以判断此频率为扭转频率。

（2）结构频率和阻尼比

使用自主研发的 SVSA 动态信号采集与分析软件得到各层的功率谱及传递函数，X 向和 Y 向典型功率谱如图 5-15~图 5-18 所示。由功率谱上的峰值，采用 8192 点分析，使用半功率点法进行阻尼识别，分析可获得结构的各阶自振频率及相应的阻尼比，通过比较不同测点间的频率及幅值差异，得到结构的扭转频率，结果见表 5-1。

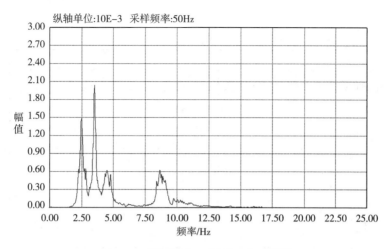

图 5-15　屋面测点 E 测试 X 向功率谱

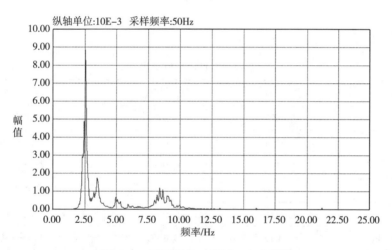

图 5-16　屋面测点 A 测试 Y 向功率谱

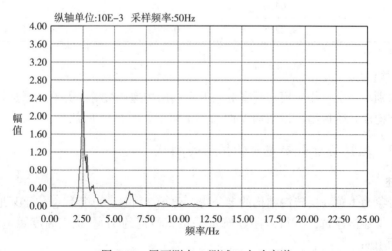

图 5-17　屋面测点 C 测试 X 向功率谱

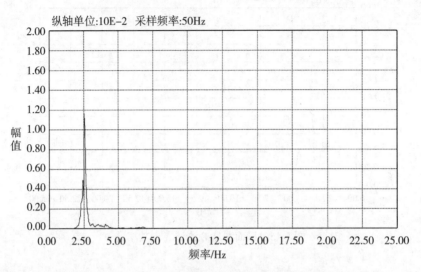

图 5-18 屋面测点 C 测试 Y 向功率谱

表 5-1   结构动力特性分析结果

模态	频率/Hz	阻尼比 ζ_j	振型特征
1	2.4902	2.57%	X 向平动
2	2.5391	1.40%	Y 向平动
3	3.5156	0.96%	整体扭转
4	4.2480	2.66%	X 向平动扭转耦合
5	4.9316	0.93%	Y 向平动扭转耦合
6	6.2012	0.85%	X 向平动
7	6.7383	0.86%	Y 向平动
8	8.6426	0.33%	X 向平动扭转耦合
9	9.2285	0.87%	X 向平动

（3）结构振型

通过识别功率谱上相应模态频率的幅值和利用传递函数等，并对结果进行归一化修正，得到结构前几阶振型，该结构 X 向前三阶振型如图 5-19 所示。

例 5-2 地铁运行引起建筑物振动的测试

1. 概述

测试对象为 1 幢 6 层砖混结构的老公房，建于 20 世纪 80 年代，位于某地铁线路上方，上行线下穿该建筑，下行线距建筑水平距离最近约 7m，轨道高度距地面约 14m，覆土深度约 10m。

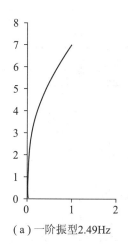
（a）一阶振型2.49Hz

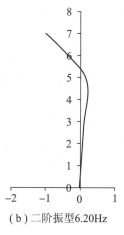
（b）二阶振型6.20Hz

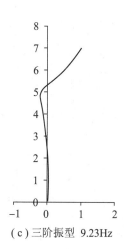
（c）三阶振型 9.23Hz

图 5-19 X 向前三阶振型图

2. 测点布置和测试工况

本次测试在该建筑物室内共布置了 7 个测点，编号是 V01~V07。具体测点布置信息见表 5-2，测点布置示意图如图 5-20 所示。

表 5-2 建筑物室内测点布置信息

测点编号	测点位置	测试方向
V01	1F 室南卧	X、Y、Z 三向
V02	1F 室中厅	X、Y、Z 三向
V03	2F 室南卧	X、Y、Z 三向
V04	3F 室南卧	X、Y、Z 三向
V05	4F 室南卧	X、Y、Z 三向
V06	5F 室南卧	X、Y、Z 三向
V07	6F 室南卧	X、Y、Z 三向

本次检测共采用 3 套数据采集系统，每套系统同步采集 8 个通道的振动加速度数据，根据不同检测要求选择如下适合量程及精度的传感器。其中，Lance LC0132T 传感器用于建筑物内水平两个方向振动数据采集，KD12000L 传感器用于建筑物内竖向加速度采集。

为了量化建筑物在地铁列车运行和其他环境因素影响下的不同振动情况，本次测试时间较长，数据量较大。以下以每小时的加速度记录为分析单元，以 101 室南卧 V01 测点的加速度记录最大值为判断标准，选取从早晨 5：30 到晚上 23：00 间各分析单元内最大的 18 条加速度时程记录加以分析，各时程记录相关信息见表 5-3。

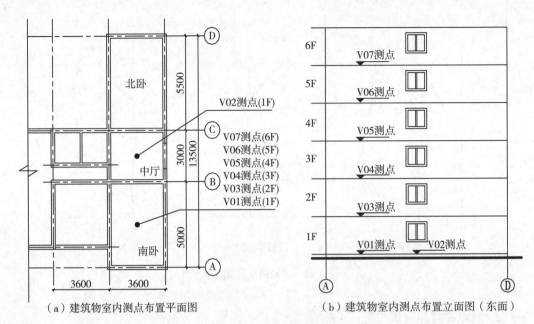

（a）建筑物室内测点布置平面图　　　　（b）建筑物室内测点布置立面图（东面）

图 5-20　测点布置示意图

表 5-3　　　　　　　　　　　截取加速度时程记录信息

响应记录	时间段	持续时间(s)	记录开始时间	最大响应/gal
R-1	5:30-6:00	15.0	5:41:26	34.26
R-2	6:00-7:00	16.0	5:57:33	58.41
R-3	7:00-8:00	15.0	7:43:00	54.52
R-4	8:00-9:00	13.0	7:58:39	51.86
R-5	9:00-10:00	15.0	9:04:53	48.92
R-6	10:00-11:00	15.0	10:45:45	74.68
R-7	11:00-12:00	15.0	11:16:57	58.29
R-8	12:00-13:00	14.0	12:51:03	60.33
R-9	13:00-14:00	12.8	13:08:57	76.81
R-10	14:00-15:00	12.0	14:54:30	86.83
R-11	15:00-16:00	13.0	15:14:33	60.72
R-12	16:00-17:00	16.7	16:40:30	75.87
R-13	17:00-18:00	15.0	17:17:40	88.83
R-14	18:00-19:00	15.0	18:28:06	65.75
R-15	19:00-20:00	15.0	19:39:30	64.68
R-16	20:00-21:00	15.0	20:20:19	62.60
R-17	21:00-22:00	18.0	21:27:07	68.63
R-18	22:00-23:00	16.0	22:35:21	75.93

3. 建筑物内底层振动测试结果及分析

为研究建筑物内底层振动特性，选择建筑第 1 层为研究对象。在建筑物第 1 层布置 5 个测点，每个测点检测 X、Y、Z 三个方向的振动加速度，选择 z 方向(铅垂向)振动加速度最大值的测点记为 V01(底层南卧)，选择水平方向(x、y 合成后)振动加速度最大值的测点为 V02(底层中厅)，即作为第 1 层的 2 个检测点。

底层测点相应于 R-4、R-6、R-9、R-10、R-12、R-13 响应记录的振动分析见表 5-4，由于篇幅限制本文只列出 R-6 记录下的 V01 和 V02 测点的竖向、纵向及横向加速度时程曲线和对应的功率谱曲线，如图 5-21 和图 5-22 所示。

表 5-4　　　　　　　　　　　　　　**底层 V01、V02 两测点反应**

测点	相应记录	方向	加速度最大值/gal	加速度有效值/gal	功率谱峰值频率/Hz
V01	R-4	竖向	51.86	23.16	40.23
		纵向	2.82	1.38	46.48
		横向	4.44	1.49	35.74
V02	R-4	竖向	41.55	13.74	57.42
		纵向	3.09	0.90	79.88
		横向	3.90	1.09	43.16
V01	R-6	竖向	74.68	27.72	40.23
		纵向	3.76	1.38	47.07
		横向	8.16	3.55	35.94
V02	R-6	竖向	34.84	13.76	57.23
		纵向	4.35	1.29	56.84
		横向	7.27	2.52	39.06
V01	R-9	竖向	76.81	27.80	40.63
		纵向	8.07	3.94	95.7
		横向	8.63	3.05	36.13
V02	R-9	竖向	31.54	12.11	58.01
		横向	8.76	2.80	61.72
V01	R-10	竖向	86.83	36.63	39.45
V02	R-10	竖向	33.78	12.96	57.42
V01	R-12	竖向	75.87	30.91	40.23
V02	R-12	竖向	32.38	13.55	57.62
V01	R-13	竖向	88.83	43.14	41.21
V02	R-13	竖向	34.52	13.10	56.84

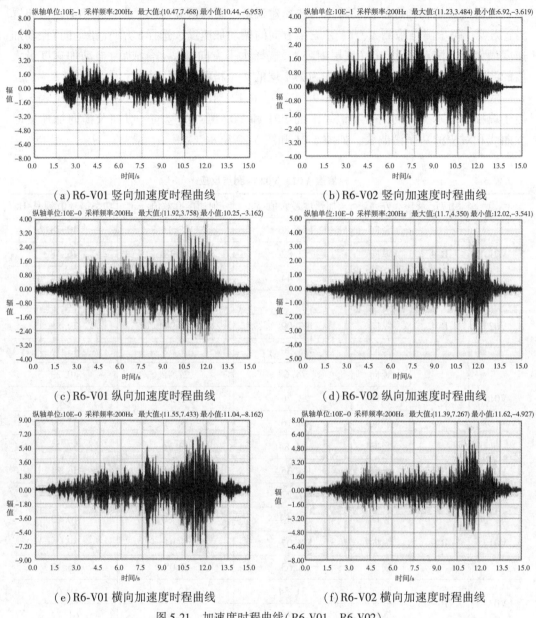

纵轴单位:10E-1 采样频率:200Hz 最大值:(10.47,7.468) 最小值:(10.44,-6.953)

（a）R6-V01 竖向加速度时程曲线

纵轴单位:10E-1 采样频率:200Hz 最大值:(11.23,3.484) 最小值:6.92,-3.619)

（b）R6-V02 竖向加速度时程曲线

纵轴单位:10E-0 采样频率:200Hz 最大值:(11.92,3.758) 最小值:10.25,-3.162)

（c）R6-V01 纵向加速度时程曲线

纵轴单位:10E-0 采样频率:200Hz 最大值:(11.7,4.350) 最小值:(12.02,-3.541)

（d）R6-V02 纵向加速度时程曲线

纵轴单位:10E-0 采样频率:200Hz 最大值:(11.55,7.433) 最小值:11.04,-8.162)

（e）R6-V01 横向加速度时程曲线

纵轴单位:10E-0 采样频率:200Hz 最大值:(11.39,7.267) 最小值:11.62,-4.927)

（f）R6-V02 横向加速度时程曲线

图 5-21　加速度时程曲线（R6-V01、R6-V02）

由表 5-4 和图 5-21 可以看出，测点 V01 竖向振动加速度峰值在 88gal 左右，有效加速度峰值约为 43gal。由于 V01 测点位于隧道上方，测点 V02 相对 V01 来说振动较弱，竖向加速度峰值在 41gal 左右，有效加速度峰值约为 13gal。比较各个测点各个工况竖向和横向及纵向的振动情况，可知楼层横向振动强度远小于竖向，峰值加速度及有效加速度约为竖向振动的 1/10，而纵向振动又小于横向振动。

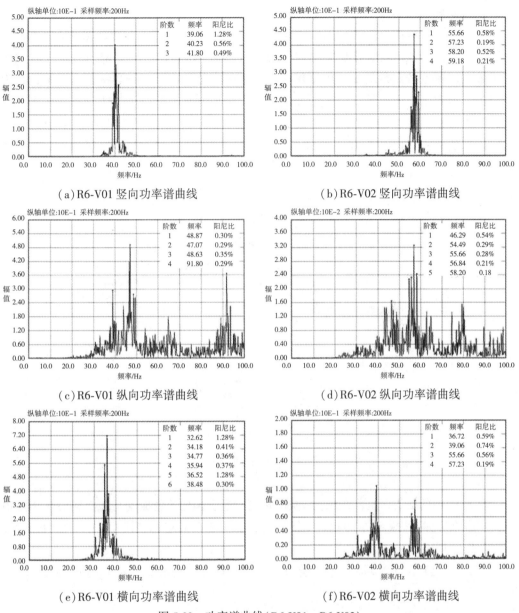

图 5-22　功率谱曲线（R6-V01、R6-V02）

由图 5-22 可知，测点 V01 的竖向振动，能量主要分布在 35~45Hz，峰值出现在 40Hz 附近。测点 V02 的竖向振动，能量主要分布在 55~65Hz，峰值出现在 58Hz 附近，V01 和 V02 测点峰值频率不同的原因是 V01 测点房间尺寸为 3.6m×5m，V02 测点房间尺寸为 3.6m×3m，两个测点所在房间板的跨度的不同导致其峰值频率产生差异，跨度小的房间刚度较大，峰值频率较大；测点 V01 的横向振动，能量主要分布在 30~45Hz，峰值出现在 35Hz 附近。测点 V02 的横向振动，功率谱有两个峰值，分别在 40Hz 和 60Hz 附近。纵向振动能量较小，分布频段较宽，峰值出现在 50Hz 和 95Hz 附近。

4. 建筑物内竖向振动传递规律研究

为了更方便地评价振动给人们正常生活带来的影响，以下的分析采用《城市轨道交通引起建筑物振动与二次辐射噪声限值及其测量方法标准》中规定的方法，将测得的铅垂向加速度按规定的1/3倍频程中心频率的 Z 记权因子进行数据处理。按记权因子修正后得到了各中心频率的振动加速度级，采用的评价量应为1/3倍频程中心频率上的最大振动加速度级（简称分频最大振级，VLmax）。由于篇幅限制，本例列举具有代表性的 R-6、R-9、R-10、R-12 和 R-13 时程记录下各楼层分频振级的平均值如图5-23 所示。

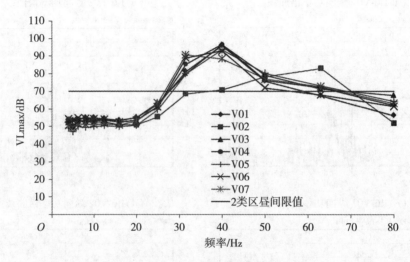

图 5-23　V01～V07 测点最大振级分布图

图 5-22 中的 2 类区昼间限值为《城市轨道交通引起建筑物振动与二次辐射噪声限值及其测量方法标准》规定的 70dB。由图可见，V01 测点的超标频段在 31.5~50Hz，V02 测点的超标频段在 31.5~63Hz。

以 R-13 时程记录为对象，分析建筑物内各个测点振动情况见表5-5 和图5-24。

表 5-5　　　　　　　　　　　　　　**V01～V07 测点竖向最大加速度**

测点	V01 （101 南卧）	V02 （101 中厅）	V03 （201 南卧）	V04 （301 南卧）	V05 （401 南卧）	V06 （501 南卧）	V07 （601 南卧）
加速度/gal	88.83	34.52	89.98	86.66	79.37	80.73	54.10

综合分析 R-1 至 R-18 各个时程记录下 V01～V07 测点的反应，得到最大振级平均值见表5-6，沿建筑物楼层的分布如图5-25 所示。

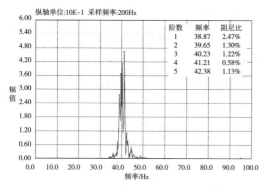

(a) R-13-101 南卧竖向功率谱曲线

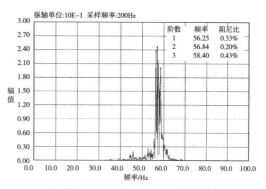

(b) R-13-101 中厅竖向功率谱曲线

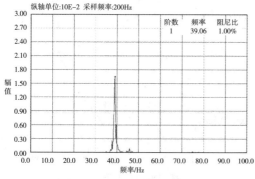

(c) R-13-201 南卧竖向功率谱曲线

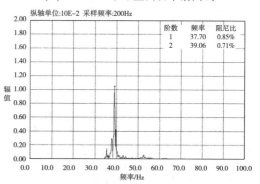

(d) R-13-301 南卧竖向功率谱曲线

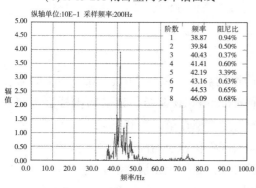

(e) R-13-401 南卧竖向功率谱曲线

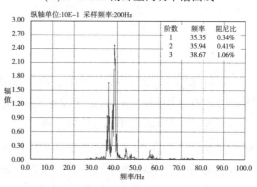

(f) R-13-501 南卧竖向功率谱曲线

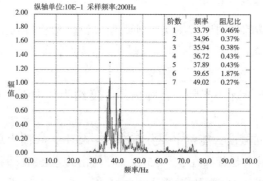

(g) R-13-601 南卧竖向功率谱曲线

图 5-24 各测点竖向功率谱曲线

表 5-6   **最大振级 VLmax 分析结果**

	V01 （101 南卧）	V02 （101 中厅）	V03 （201 南卧）	V04 （301 南卧）	V05 （401 南卧）	V06 （501 南卧）	V07 （601 南卧）
平均值/dB	94.47	85.69	95.50	96.15	93.26	92.93	92.03

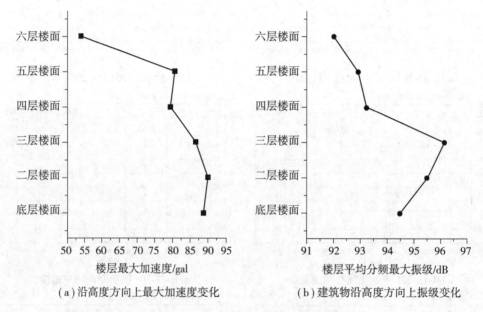

（a）沿高度方向上最大加速度变化   （b）建筑物沿高度方向上振级变化

图 5-25   建筑物沿楼层振动变化图

综合比较上述数据可以得出：由于楼板跨度的影响，测点 V01、V03～V07 的振动能量分布在 40Hz 附近；测点 V02 的振动能量分布在 60Hz 附近。建筑物内楼层竖向最大振动加速度随楼层的增高总体呈逐渐减小的趋势，但在第二层和第五层出现了竖向加速度比相邻下层楼面大的现象；建筑物竖向最大振级在建筑物高度方向上呈现出先放大后减小的规律，具体为底层至三层楼面，逐层放大，三层至顶层逐层减小。其中，三层较底层放大 2dB 左右，顶层较底层减小约 2dB。

5. 结论

通过对该住宅振动的长时间现场实测和数据分析，初步得到了地铁运行诱发沿线建筑物振动的特点和规律，了解了建筑物内底层振动特点，研究了建筑物内竖向振动传递规律，得到如下结论：

①楼层横向振动强度远小于竖向，峰值加速度约为竖向振动的 1/10，而纵向振动又小于横向振动。

②测点 V01 的竖向振动，能量主要分布在 35～45Hz，峰值出现在 40Hz 附近。测点 V02 的竖向振动，能量主要分布在 55～65Hz，峰值出现在 58Hz 附近，V01 和 V02 测点峰值频率不同的原因是 V01 测点房间尺寸为 3.6m×5m，V02 测点房间尺寸为 3.6m×3m，两个测点所在房间板的跨度的不同导致其峰值频率产生差异，跨度小的房间刚度

较大，峰值频率较大。

③测点 V01 的横向振动，能量主要分布在 30~45Hz，峰值出现在 35Hz 附近；测点 V02 的横向振动，功率谱有两个峰值，分别在 40Hz 和 60Hz 左右；纵向振动能量较小，分布频段较宽，峰值出现在 50Hz 和 95Hz 附近。

④建筑物内楼层竖向最大振动加速度随楼层的增高总体呈逐渐减小的趋势，但在第二层和第五层出现了竖向加速度比相邻下层楼面大的现象；建筑物竖向最大振级在建筑物高度方向上呈现出先放大后减小的规律，具体为底层至三层楼面，逐层放大，三层至顶层逐层减小。

第6章 结构抗震试验

6.1 结构抗震静力试验

结构抗震静力加载试验可分为伪静力试验(低周反复加载试验)和拟动力试验(计算机联机低周反复加载试验),也称为周期性抗震加载加载试验和非周期性抗震静力试验。本书仅介绍低周反复加载试验,拟动力试验参见相关书籍和资料。

在动力荷载作用下,结构具有滤波特性,其反应主要是与其自振频率有关的振动。结构承受地震作用时,结构的反应实质上是承受多次与其自振频率有关的反复荷载作用。结构依靠本身的大变形来消耗地震输给的能量,所以结构抗震试验的特点是荷载作用反复、结构变形很大,试验要求做到结构构件屈服以后,进入非线性工作阶段直至完全破坏。

国内外大量的结构抗震试验都是采用低周反复加载的试验方法,即假定在第一振型(倒三角形)条件下结构试验对象施加低周反复循环作用的位移或力(图6-1),低周反复加载时每一加载的周期远远大于结构自身的基本周期,所以这实质上还是用静力加载方法来近似模拟地震作用。因此低周反复加载静力试验又称为伪静力或拟静力试验。

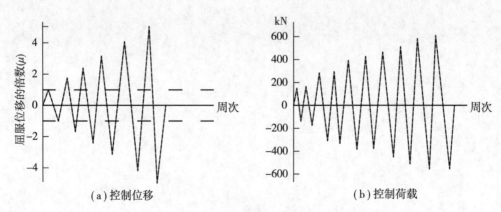

(a) 控制位移 (b) 控制荷载

图 6-1 低周反复加载静力试验的加载制度

低周反复加载静力试验的不足之处在于试验的加载历程是事先由研究者主观确定的,荷载是按位移或力对称反复施加,不能反映出应变速率对结构的影响,因此与任一次确定性的非线性地震反应相差较远。

6.1.1 结构低周反复加载静力试验的加载制度

1. 单向反复加载

（1）控制位移加载法

控制位移加载法是在加载过程中以位移为控制值，或以屈服位移的倍数作为加载的控制值。这里位移的概念是广义的，它可以是线位移，也可以是转角、曲率或应变等相应的参数。

当试验对象具有明确屈服点时，一般都以屈服位移的倍数为控制值。当构件不具有明确的屈服点（如轴力大的柱子）或干脆无屈服点时（无筋砌体），则由研究者主观制订一个认为恰当的位移标准值 δ_0 来控制试验加载。

在控制位移的情况下，加载又可分为变幅加载、等幅加载和变幅等幅混合加载。

①变幅加载。控制位移的变幅加载如图 6-1（a）所示。图中纵坐标是延性系数 μ 或位移值，横坐标为反复加载的周次，每一周以后增加位移的幅值。用变幅加载来确定恢复力模型、研究强度、变形和耗能的性能。

②等幅加载。控制位移的等幅加载如图 6-2 所示。这种加载制度在整个试验过程中始终按照等幅位移施加，主要用于研究构件的强度降低率和刚度退化规律。

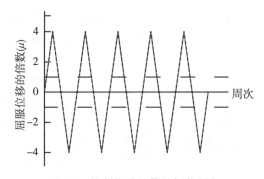

图 6-2　控制位移的等幅加载制度

③变幅等幅混合加载。混合加载制度是将变幅、等幅两种加强制度结合起来，如图 6-3 所示。这样可以综合地研究构件的性能，其中包括等幅部分的强度和刚度变化，以及在变幅部分特别是大变形增长情况下强度和耗能能力的变化。在这种加载制度下，等幅部分的循环次数可随研究对象和要求不同而异，一般可从两次到十次不等。

在上述三种控制位移的加载方案中，以变幅等幅混合加载的方案使用得最多。

（2）控制作用力加载法

控制作用力的加载方法是通过控制施加于结构或构件的作用力数值的变化来实现低周反复加载的要求。控制作用力的加载制度如图 6-1（b）所示。纵坐标用力值表示，横坐标为加卸荷载的周数。由于它不如控制位移加载那样直观地可以按试验对象的屈服位移的倍数来研究结构的恢复力特性，且当采用电液伺服装置加载时，如开裂荷载和屈服荷载估算误差较大，由于加载装置在加载过程中始终达不到要求的加载力，而位移已经很大，从而使试验失控，所以在实践中这种方法使用得比较少。

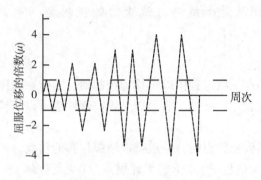

图 6-3　控制位移的变幅等幅混合加载制度

(3)控制作用力和控制位移的混合加载法

混合加载法是先控制作用力，再控制位移加载。先控制作用力加载时，不管实际位移是多少，一般是经过结构开裂后逐步加上去，一直加到屈服荷载，再用位移控制。开始施加位移时要确定一标准位移 δ_0，它可以是结构或构件的屈服位移，在无屈服点的试件中，δ_0 由研究者自定数值。从转变为控制位移加载起，即按 δ_0 值的倍数 μ 值控制，直到结构破坏。

由于现代数据采集系统都是连续记录整个加载过程中的力和位移曲线，很容易在曲线上找到开裂荷载和屈服荷载，所以控制作用力和控制位移的混合加载法也用得很少。

2. 双向反复加载

为了研究地震对结构构件的空间组合效应，可在 X、Y 两个主轴方向同时施加低周反复荷载。如对框架柱或压杆的空间受力和框架梁柱节点在两个主轴方向所在平面内采用梁端加载方案施加反复荷载试验时，可采用双向同步或非同步的加载制度。

当采用由计算机控制的电液伺服加载器进行双向加载试验时，可以对一结构构件在 X、Y 两个方向成 90°作用，实现双向协调稳定的同步反复加载。

6.1.2　砖石及砌体结构墙体抗震性能试验

1. 试件和边界条件的模拟

砖石及砌块墙体试验时，当模拟横墙工作时，可采用带翼缘的单层单片墙，也有采用双层单片墙或开洞墙体的砌体试件(见图 2-4)。对于纵墙则可按计算单元根据门窗孔洞分布的情况，采用有两个或一个窗间墙的双肢或单肢窗间墙试件(见图 2-5)。

多层砖石结构及砌块房屋在抗震设计时被假定为承受剪切变形，即在楼层间只有相对水平位移，而无层间的相对转角。为了在试验中能再现墙体在地震力作用下经常出现的斜裂缝或交叉斜裂缝的震害破坏现象，在墙体安装及考虑试验装置时必须要满足结构边界条件的模拟。

2. 试验加载装置设计

砖石及砌体结构墙体可采用竖向均布加载的悬臂式试验装置，如图 6-4 所示。

该装置在竖向加载器顶部装有特制的滚轴，当墙体受水平荷载产生水平位移时，竖向荷载的作用点与相对位置不发生变化，可以保证试件有可平移滑动的边界和受力状态。

采用这种装置时试件高宽比不宜大于1/3，否则试验时可能出现弯曲而产生水平裂缝，导致弯剪型破坏。

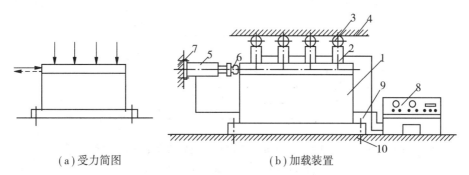

（a）受力简图   （b）加载装置

1—试件；2—竖向荷载加载器；3—滚轴；4—竖向荷载支承架；5—水平荷载
双作用加载器；6—荷载传感器；7—水平荷载支承架；8—液压加载控制台；
9—输油管；10—试验台座

图6-4 竖向均布加载的悬臂式试验装置

3. 试验加载程序

试验加载中模拟竖向荷载的液压加载器通过试件上部的压梁将荷载均匀地作用在砌体上，竖向荷载一次加到设计控制的数值，加载器的数量和荷载的大小根据砌体截面及控制竖向应力的大小来设计确定。在整个试验过程中，通过加载稳压或伺服装置保持竖向荷载数值不变。

水平反复荷载在弹性阶段，即砌体开裂前以荷载控制，为便于正确发现墙体开裂和确定墙体的开裂荷载，荷载的分级可取预计极限荷载的1/5~1/10，逐级增加。墙体开裂后按变形进行控制，由于砖石及砌块墙体没有明显的屈服点，所以变形的控制数值也可按研究要求加以确定。也有以开裂位移为控制参数，以后按此确定值的倍数逐级增加，直至结构破坏。

在进行低周反复加载时，每级荷载要求反复循环的次数，主要由试件变形是否趋于稳定而定，一般在墙体开裂前其变形曲线基本上是一直线，故在控制荷载试验时，每级荷载仅反复一次即可。开裂后，墙体产生一定的塑性变形和摩擦变形，一般情况下反复2~3次，变形就基本上趋于稳定。也有人认为，砖石及砌块结构属于脆性，所以第一次反复加载后，即可以反映试件的变形性能。这样在控制变形加载时，也与控制荷载试验时一样，每级荷载进行一次反复，直至试件完全破坏。

按位移控制加载时，应使骨架曲线出现下降段，墙体至少应加载到荷载下降为极限荷载的85%时，方可停止试验（参见《建筑抗震试验规程》）。

4. 试验观测与测点布置

墙体低周反复加载试验测量参量一般包括力、位移、应变等。力的测量一般直接由加载装置内的力传感器测得，也可采用外加力传感器测量。

位移测量可以沿墙体高度在其中心线位置上均匀间隔布置测点（图6-5），这样既可以测到墙体顶部的最大位移，又可以得到墙体的侧向位移曲线。测点 $\varphi6$、$\varphi7$ 可测定墙体转动。试验中要注意消除或修正试件的平移和转动对侧向位移的影响。

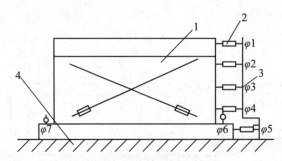

1—试件；2—位移计；3—安装于试验台上的仪表架；4—试验台座

图 6-5　墙体侧向位移量测的测点布置

墙体的剪切变形可以通过按墙体对角线布置的位移计来测量。

为了量测墙体的剪切变形和主拉应力，应变测量均应布置应变网络测点。由于墙体材质的不均匀性，为了测量特定部位的平均应变，要求测点有较大的量测标距，跨越砖块与灰缝，所以较多地使用百分表量测应变装置或手持式应变仪进行量测。当使用长标距的电阻应变计量测墙体应变时，也经常会出现离散性较大，规律性较差的试验结果。

对于有构造柱或钢筋网抹灰加固的墙体，则可用电阻应变计直接粘贴在混凝土或砂浆表面及钢筋上进行量测。

6.1.3　钢筋混凝土框架梁柱节点组合体的抗震性能试验

钢筋混凝土框架梁柱节点的试件，可取框架在侧向荷载作用下节点相邻梁柱反弯点之间的组合体，经常采用十字形试件。根据试验研究的要求一般取上、下柱反弯点比为 1(图 6-6(a))；对于某些柱铰型的组合体试件，上、下柱的反弯点比也可取为 2(图 6-6(b))。在柱上施加轴力 N，并按地震时框架的应力情况施加 P_1 和 P_2。图 6-6(c)、图 6-6(d) 为相对框架中心线转动 θ 角的 X 形试件。

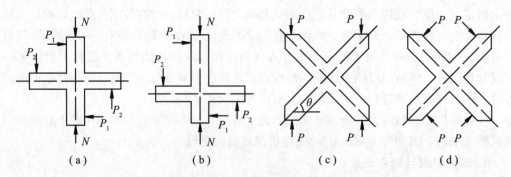

(a)　　　　　　(b)　　　　　　(c)　　　　　　(d)

图 6-6　梁柱节点组合体的试件形式

为了反映钢筋混凝土的材料特性，试件尺寸比例一般不小于实际构件的 1/2。对于主要研究节点构造时，宜采用足尺试件，并保证配筋构造符合或接近实际。当受加载装置能力限制时，也可采用小比例的试件。

对于十字形试件为了避免因梁首先发生剪切破坏而影响取得预期的结果，建议梁的高跨比一般不小于 1/3。

框架结构中，当侧向荷载作用时，节点上柱反弯点可视为水平可移动的铰，相对于上柱反弯点，下柱反弯点可视为固定铰，而节点两侧梁的反弯点均为水平可移动的铰（图 6-7(a)）。这样的边界条件比较符合节点在实际结构中的受力状态。模拟这种边界条件，需要采用柱端施加侧向荷载或位移的方案，其加载及支承装置较为复杂。在实际试验中为了使加载装置简便，往往采用梁端施加反对称荷载的方案，这时节点边界条件是上下柱反弯点均为不动铰，梁两侧反弯点为自由端（图 6-7(b)）。以上两种方案的主要差别在于后者忽略了柱子的荷载-位移（P-Δ）效应。因此对于必须考虑 P-Δ 效应的试验，如主要以柱端塑性铰为研究对象时，应该采用柱端加载的方案。对于以梁端塑性铰或核心区为研究对象时，可采用梁端反对称加载方案。

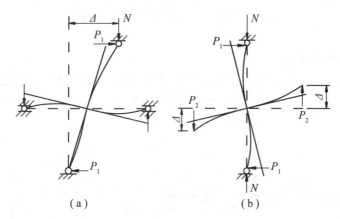

图 6-7　梁柱组合节点组合体试件的边界模拟

1. 试验加载装置设计

(1)钢筋混凝土梁柱节点组合体梁端加载试验装置

梁柱节点组合体试件安装在荷载支承架内，在柱的上下端都安装有铰支座，在柱顶自由端通过液压加载器施加固定的轴向荷载。

在梁的两端用四个液压加载器施加反对称低周反复荷载，反对称荷载通过油泵系统控制同步加载(图 6-8)。

(2)钢筋混凝土梁柱节点组合体有侧移柱端加载试验装置

试验采用由槽钢焊接而成专门设置的几何可变框式试验架(图 6-9(a))。

试件可以通过在柱端和梁端的预留孔用钢销分别与框架横梁与立柱上相应位置的圆孔连接，形成相应的铰接支承进行安装固定。整个试验装置用地脚螺丝固定在试验台座上。

试件上部柱顶安装施加竖向荷载的液压加载器，用反力横梁和拉杆联结在框架上部

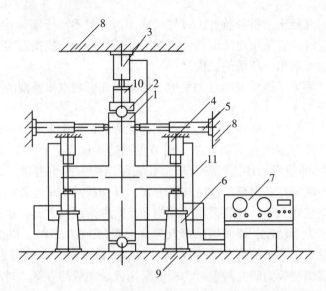

1—试件；2—柱顶球铰；3—柱端竖向加载器；4—梁端加载器；5—柱端侧向支撑；6—支座；
7—液压加载控制台；8—荷载支承架；9—试验台座；10—荷载传感器；11—输油管

图 6-8　梁柱节点组合体梁端加载试验装置

横梁，并形成自平衡体系。

试验时固定于反力架上的水平双作用液压加载器对框架顶部施加低周反复水平荷载，则几何可变的框架体系即带动安装在框架内的试件一起变形（图 6-9（b）），使之形成如图 6-9（a）所示的柱顶受载有侧移的边界条件。

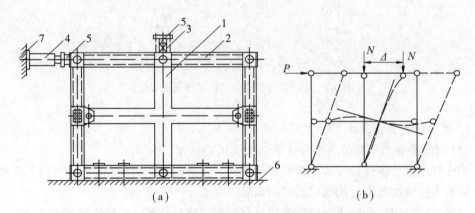

1—试件；2—几何可变框式试验架；3—竖向荷载加载器；4—水平荷载加载器；
5—荷载传感器；6—试验台座；7—水平荷载支承架或反力墙

图 6-9　梁柱节点组合体柱端加载试验装置

2. 试验加载程序

试验加载可采用控制作用力和控制位移的混合加载法。当采用梁端加载方法时，第一循环先是以控制作用力加载，加载数值为计算屈服荷载的 3/4，即为 $3/4P_y$；第二循环加载到梁的屈服荷载 P_y，以后控制位移加载，即以梁端屈服位移值的倍数(即梁端位移延性系数)逐级加载。

对于柱端加载的试验，则按柱端屈服时柱端水平位移的倍数来分级。在控制位移加载时，每级荷载下可以仅仅反复一次，也可反复 2~3 次，视研究需要而定，直至破坏。

当需要研究试件的强度或刚度退化率时，则可以在同一位移下反复循环 3~5 次。

3. 试验观测与测点布置

①荷载-变形曲线主要采用电测位移计。要求位移传感器保证精度要求外，尚要保证足够的量程，以满足构件进入非线性阶段量测大变形的要求。

②对于梁或柱端位移的测定，主要是量测加载截面处的位移，并在控制位移加载阶段依此控制加载程序(图 6-10)。

③量测构件塑性铰区段曲率或转角的测点，对于梁一般可在距柱面 $h_b/2$(梁高)或 h_b 处布点，对于柱子则可在距梁面 $h_c/2$ 心(柱宽)处布置测点(图 6-10)。

④节点核心区剪切角可通过量测核心区对角线的位移量来计算确定(图 6-10)。

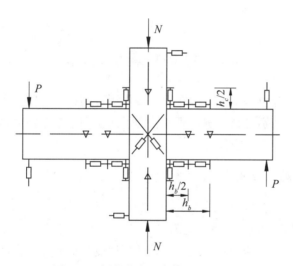

图 6-10　梁柱节点组合体的测点布置

⑤梁柱纵筋应力一般用电阻应变计量测。测点布置以梁柱相交处截面为主(图 6-11(a))。在试验中为了测定塑性铰区段的长度或钢筋锚固应力，还可根据试验要求沿纵向钢筋布置更多的测点。对于预制装配节点，由于钢筋焊接等因素的影响，不能在梁柱交界处布置钢筋应变测点时，则可将测点位置适当外移。

⑥核心区箍筋应力的测点可按核心区对角线方向布置，也可沿柱的轴线方向布点，则测得的是沿轴线方向垂直截面上的箍筋应力分布规律(图 6-11(b))。

⑦梁内纵筋通过核心区的滑移量 Δ，可以通过量测并比较靠近柱面处梁主筋上 B 点对于柱面混凝土 C 点之间的位移 Δ_1 及 B 点相对于柱面处钢筋上 A 点之间的位移 Δ_2 的大小得到

$$\Delta = \Delta_1 - \Delta_2 \tag{6-1}$$

测点布置时(图 6-12)，A 点与 C 点应尽量接近。

⑧裂缝开展情况的记录与描绘。

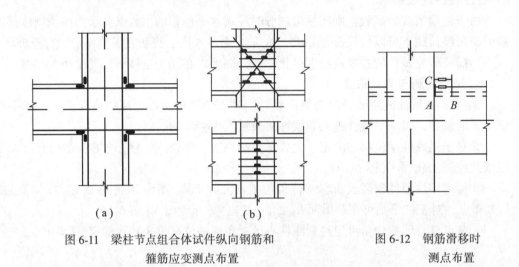

（a）   （b）

图6-11　梁柱节点组合体试件纵向钢筋和　　　　图6-12　钢筋滑移时
　　　　　箍筋应变测点布置　　　　　　　　　　　　　　测点布置

6.2　结构抗震动力试验

结构动力加载试验也是研究结构在动荷载作用下的强度、刚度以及如何满足正常使用条件等有关问题。特别是结构抗震研究，为了认识和掌握地震对结构破坏的规律，必须研究结构的抗震性能和抗震能力。

6.2.1　结构动力试验的加载制度和加载设计

1）周期性动力加载制度

（1）强迫振动共振加载

①稳态正弦激振。在结构上作用一按正弦规律变化的单一方向的力，它的频率可以保持在某一数值，这时对结构振动进行测量。然后将频率调到另一个值，重复测量。通过不同频率下结构振动振幅的测量，得到结构的共振曲线。

②变频正弦激振。采用偏心式激振器，由控制系统使其转速由小到大。到达比试验结构的各阶自振频率均要高的速度。当关闭电源后，激振器转速自由下降，并在结构各阶自振频率处由共振而形成相当大的振幅。

以上共振试验加载方法适合于模拟结构受简谐运动的动力荷载，较多使用于量测结构动力特性的试验。由于受激振力的限制，这类试验往往是采用重复和延长共振持续时间来迫使结构破坏。

（2）有控制的逐级动力加载

对于在试验室内进行的足尺或模型等结构构件的动力加载试验，当采用电液伺服加载器或单向周期性振动台进行加载时，可以利用加载控制设备实现对结构有控制的逐级动力加载。

采用电液伺服加载器对结构直接加载的试验中，除了对于在第四节讨论的控制力或控制位移的加载制度完全适用外，还可以控制加载的频率，这样可以直接对比静动试验的结果，以及更准确地研究应变速率对结构强度和变形能力的影响。单向周期性振动台试验时，对于机械式振动台由于激振方式主要是利用偏心质量的惯性力，所以与上述强迫振动的共振加载试验是同一性质。当用电磁式或液压式振动台试验时，主要是由输入控制设备的信号特性，即是振动幅值、加速度值和振动频率来确定。

2）非周期动力加载设计

（1）模拟地震振动台动力加载试验的荷载设计

在进行结构的模拟地震振动台动力试验时，振动台台面的输入都采用地面运动的加速度时程曲线。在选择和设计台面的输入地震波时，还必须要考虑下列问题：

①试验结构的周期；

②结构实际建造时所在的场地条件；

③地震烈度和震中距离的影响；

④振动台台面的输出能力（频率范围、最大位移、速度和加速度性能）。

因此可以选用已有通过强震观测得到的地震记录（图 6-13），或者按需要的地质条件参照相近的地震记录设计出人工地震波，也可以按规范的反应谱值设计人工地震波（图 6-14）作为结构试验时台面的输入信号。

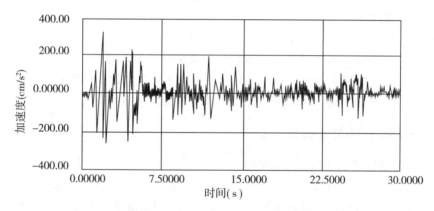

图 6-13　美国 1940 年 El-Centro 地震强震观测记录

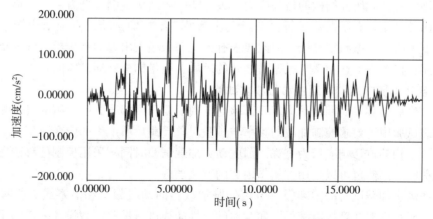

图 6-14　按规范反应谱值设计的人工地震波

（2）人工地震模拟动力加载试验的荷载设计

人们采用地面或地下炸药爆炸的方法产生地面运动的瞬时动力效应，以此模拟某一烈度或某一确定性天然地震对结构的影响，称为"人工地震"。

人工地震波对结构的影响，可采用地面质点运动的最大速度的幅值作为衡量标准，和天然地震波所造成地震烈度之间的参考量见表6-1。

表6-1 地震烈度与地面运动速度关系

烈度	地面质点运动速度/（cm/s）
7度	6~12
8度	12~24
9度	24~48

地面质点运动最大速度可按经验公式求得：

$$v = K\left(\frac{Q^{1/3}}{R}\right)^r \tag{6-2}$$

式中：v——人工地震地面质点运动最大速度（cm/s）；

Q——炸药量（kg）；

R——爆点至测点的距离（m）；

K、r——与传播地面质点运动的场地地质情况有关系数。

试验荷载设计时可按要求模拟的地震烈度，考虑实际场地条件的特点，由要求的地面质点运动最大速度，确定炸药量和相应的爆心至试验结构的距离。

6.2.2 结构周期性动力试验

1. 偏心激振器周期性动力加载试验

采用偏心激振器对结构进行周期性动力加载试验时，可以将激振器安装并固定于结构顶层的楼板上，也可以支撑在走廊两侧的墙壁上或走廊两侧的框架柱上，使激振力通过楼板、墙柱传到整个房屋，对整体结构产生强迫振动。利用共振原理可以测定结构的动力特性，并由此研究结构的极限应力、破坏特征和结构抗倒塌能力。

国内外利用偏心激振器进行原型或大比例模型结构的试验，由于结构接近破坏阶段，刚度下降，自振频率降低，因此要求有大功率低频大出力的激振器，并要求能多台同步使用，以解决上述频率与激振力之间的矛盾，满足结构破坏试验的要求。

2. 电液伺服加载器周期性动力加载试验

电液伺服加载器周期性动力加载试验与低周反复静力加载试验所用的设备相同，在动力加载试验中还要求控制加载的频率与试验对象受载后所产生的应变速率。

由于结构的位移响应最为直观，因此动力加载试验时同样采用控制位移的方法对结构施加荷载。当然也可以采用控制作用力的方法加载。

按照动力加载试验的需要，对电液伺服加载器的动载频率和活塞最大行程都有要求。试验时特别要注意按电液伺服加载器的特性曲线进行试验加载设计，以满足不同试验的要求，充分发挥加载设备的效率。

3. 单向周期性振动台动力试验

单向周期性振动台进行结构模型动力加载试验，可按下列步骤进行：

①结构模型的静力试验，测量模型在静力作用下各部位的位移。

②测量结构模型的动力特性。可以按输入简谐正弦波进行连续扫描，由共振反应求得模型的自振频率和相应的各阶振型，但必须控制输入信号的幅值。

③逐级增大输入波形信号的幅值。测得相应的动力反应，同时在每次加振试验后，用输入幅值相等的简谐波再次进行扫频试验，现测模型自振频率与振型的变化。

④最后在某一加振频率和加速度幅值下，使模型发生共振而破坏。

试验观测动力参数可以用加速度传感器和位移传感器分别测量模型不同部位的加速度和位移反应。位移传感器可以将支架固定于地面，从而测得模型振动时的绝对位移。

6.2.3　结构非周期性动力加载试验

1. 模拟地震振动台动力加载试验

根据试验目的不同，在选择和设计振动台台面输入加速度时程曲线后，试验的加载过程可以有一次性加载和多次性加载两种不同方案。

在正式试验前要进行动力特性的试验。试验模型安装在振动台上以后，则可以采用小振幅的白噪声输入振动台台面进行激振试验，也可以用正弦波输入的连续扫频，通过共振法测得动力特性。当采用正弦波扫频试验时，特别要注意共振时的振幅增大对模型的影响。

（1）一次性加载

一次性加载试验的特点是结构从弹性到弹塑性直至破坏阶段的全过程是在一次加载过程中完成。试验加载时要选择一个适当的地震记录，在它的激励下能对试验结构产生全部要求的反应。在试验过程中，连续记录结构的位移、速度、加速度和动应变等输出信号，并观察记录结构的裂缝形成和发展过程，以研究结构在弹性、弹塑性以及破坏阶段的各种性能。

（2）多次性加载

在模拟地震振动台试验中，大多数都采用多次性加载的方案来进行试验研究。一般情况可分为弹性、微裂、开裂等阶段一直到结构成为机动体系破坏倒塌。

①动力特性试验，以得到结构在初始阶段的各种动力特性；

②振动台台面输入运动，使结构产生微裂缝；

③加大台面输入运动加速度的幅值，使结构产生中等程度的开裂；

④再加大台面输入加速度的幅值，结构振动使剪力墙，梁枝节点等主要部位产生破坏，受拉钢筋屈服、受压钢筋压屈，裂绕贯通整个截面，但结构还有一定的承载能力；

⑤继续加大振动台台面运动，使结构变为机动体系，稍加荷载就会发生破坏倒塌。

在各个试验阶段，试验结构的各种反应的测量和记录与一次性加载时相同，这样可以明确地得到结构在每个阶段的周期、阻尼、振动变形、刚度退化、能量吸收能力和滞回特性等。但由于多次加载将会对结构产生损伤积累的影响。

模拟地震振动台试验的结构反应量测中最基本的是量测结构或构件的位移和加速度

反应，一般均将切点布置在产生最大位移或加速度的部位。对于整体结构的房屋模型试验，则在每一层楼面和顶层高度的位置上，布置位移和加速度传感器(要求传感器的频响范围为 0~100Hz)。如图 6-15 所示，对于结构构件的主要受力部位和截面上，要求测量钢筋和混凝土的应变，来自位移、加速度和应变传感器的所有信号被连续输入磁带记录仪，或是由专用的数据采集系统进行数据采集和处理，其结果可由计算机终端显示或用绘图机、硬拷贝等设备描绘打印输出。

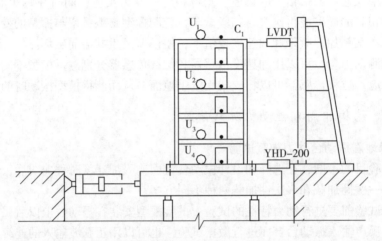

图 6-15　五层砌体模型房屋振动台试验的测点布置

2. 人工地震模拟动力加载试验

人们在实践中发现，利用炸药爆炸模拟地震从地面运动效应上与天然地震有许多相似之处，但也存在着一定的差异，如人工地震的加速度幅值高、衰感快、破坏范围小，主频率高于天然地震，主震持续时间比天然地震短。因此，在试验设计时要采取下列措施：

①缩小试验对象的尺寸，从而可以提高被试验对象的自振频率，一般只要将试验对象比原型缩小 2~3 倍；

②将试验对象建造在覆盖层较厚的土层上，可以利用松软土层的滤波作用，消耗地震波中的高频分量，相对地提高低频分量的幅值；

③增加爆心与试验对象的距离，使地震波的高频分量在传播过程中有较大的损耗，相对地提高低频分量的影响。

人工模拟地震的结构动力试验与一般结构动力试验在测试技术上有许多相似之处，但也有其比较特殊的部分：

①在试验中主要是测量地面与建筑物的动态参数，要求测量仪器的频率上限大于结构动态参数的上限。

②人工地震爆炸过程中所产生的电磁场干扰，这对于高频响应较好，灵敏度较高的传感器和记录设备尤为严重。因此，一方面可以采用低阻抗的传感器，另一方面尽可能地缩短传感器至放大器之间连接导线的距离，并进行屏蔽和接地。

③在人工地震波作用下的结构试验时间较短，所以动应变量测中可以用线绕电阻代

替温度补偿片。

④结构和地面质点运动参数的动态信号测量，由于爆炸被作用时间很短，在试验中采用同步控制进行记录。对于输入振子示波器的信号，只能用同步控制，在起爆前 2~3 秒开始触发采集。

在爆破地震波作用下的结构试验，由于其不可重复性的特点，因此试验计划与方案必须周密考虑，试验量测技术必须安全可靠，必要时可以采用多种方法同时量测，才能获得试验成功并得到顶期效果。

6.2.4 强震观测与天然地震结构动力试验

1. 强震观测

地震发生时，以仪器(强震仪)为测试手段，观测地面运动的过程和建筑物的动力反应，以获得第一性资料的工作，称为强震观测。

强震观测的任务：

①取得地震时地面运动过程的记录(地震波)，为研究地震影响场和烈度分布规律提供科学资料；

②取得建筑物在强地震作用下振动过程的记录，为结构抗震的理论分析与试验研究以及设计方法提供客观的工程数据。

2. 天然地震结构动力试验

在频繁出现地震的地区或是在地震预报短期内可能出现较大地震的地区，有目的地建造一些试验性房屋，或在已建的房屋上安装强震仪或测震仪器，以便一旦发生地震时可以量测得到房屋的反应，这都属于天然地震的结构动力试验。

自从唐山地震以来，我国一些研究机构已在若干地震高烈度区有目的地建造了一些房屋，作为天然地震结构动力试验的对象。一次破坏性的地震乃是一次大规模的原型结构动力试验，最重要的是应该做好地震前的准备工作和地震后的研究工作，以便取得尽可能多的资料。

6.3 结构抗震试验实例

例 6-1 广州西塔整体模型模拟地震振动台试验

广州西塔整体模型模拟地震振动台试验方案见第 2 章例 2-1，本章实例只给出试验结果。

1. 有机玻璃材料试验结果及相似关系调整

试验加载速度为 1mm/min，测量标距为 50mm，试件宽度为 21.42mm，试件厚度为 5.4mm，峰值荷载为 2.93kN，峰值应力为 25.3MPa，弹性模量为 2.46GPa，峰值应变为 0.01028。

根据上述材料试验结果，对模型相似关系进行了调整，调整后的相似关系见表 6-2。

表 6-2		根据材性试验调整后的相似系数	
物理性能	物理参数	相似系数（模型：原型）	备注
几何性能	长度	1/80	控制尺寸
材料性能	应变	1.0	控制材料
	弹性模量	0.06	
	应力	0.06	
	质量密度	2.3	
	质量	4.44×10^{-6}	
动力性能	周期	0.079	控制试验
	频率	12.65	
	速度	0.158	
	加速度	2.0	
	重力加速度	1.0	
模型高度		5.70m	
模型质量		1.73t	含配质量

2. 试验结果及分析

（1）试验现象

在试验中从七度多遇一直到八度罕遇模型没有破坏迹象，结构保持弹性，刚度基本无变化，很好地完成了弹性模型试验的目的。

（2）模型的动力特性

输入台面地震波前用第一次白噪声对模型结构进行扫描，通过分析频谱关系得到其各阶振型，该模型的前 20 阶振型对应的自振频率和阻尼比见表 6-3，图 6-16、图 6-17 为模型 X、Y 方向前两阶振型图。

表 6-3		模型自振频率及阻尼比	
振型序号	频率/Hz	阻尼比	振型形式
1	1.545	0.0303	X 向平动
2	1.584	0.0326	Y 向平动
3	4.636	0.0341	扭转
4	5.254	0.0294	X 向平动
5	5.872	0.0121	Y 向平动
6	6.49	0.0111	Y 向平动
7	7.031	0.0407	X 向平动
8	7.108	0.0272	Y 向平动
9	8.344	0.0293	Y 向平动

振型序号	频率/Hz	阻尼比	振型形式
10	13.250	0.0539	X 向平动
11	13.984	0.0264	扭转
12	14.254	0.0021	Y 向平动
13	14.486	0.0633	X 向平动
14	15.452	0.0400	Y 向平动
15	18.542	0.0167	X 向平动
16	19.778	0.0313	X 向平动
17	21.015	0.0698	Y 向平动
18	22.251	0.0595	X 向平动
19	23.487	0.0395	X 向平动
20	25.341	0.0389	X 向平动

①模型的振型主要表现为平动振型。所以模型的第一振型在 X 方向，对应的自振频率为 1.545Hz；模型第二振型在 Y 方向，对应的自振频率为 1.584Hz；第三振型表现为扭转，自振频率为 4.636Hz。

②由传递函数幅值可知模型第一、第二振型对结构的影响很大扭转振型对结构的影响相对较小，因为结构形式对称造成扭转效应较小。

③屋顶停机坪由于刚度突变，地震反应主要表现为第一、第二振型，但高阶振型影响也较大。

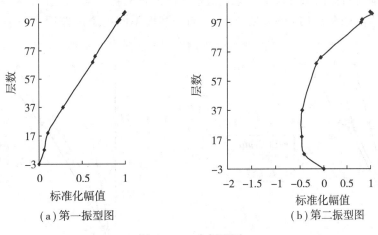

（a）第一振型图　　　　　（b）第二振型图

图 6-16　X 向振型图

（3）模型加速度反应

试验过程中，通过数据实时采集系统可以获得在各种地震动作用下结构的加速度传感器的反应信号，通过对反应信号的分析处理，可以得到模型结构的加速度反应。

①由于主体结构模型刚度突变不大，因此顶端鞭梢效应影响不是很大，动力放大系

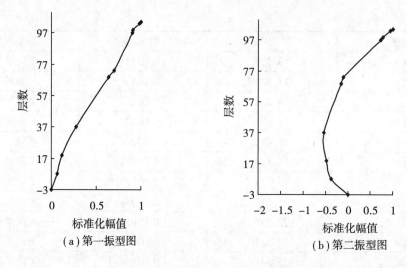

（a）第一振型图　　　（b）第二振型图

图 6-17　Y 向振型图

数也不大。

②因为模型为弹性模型，所以动力放大系数并没有随台面输入烈度提高而发生明显变化。

③模型结构的加速度反应以第一、第二振型为主。由于结构主体平面对称，结构偏心不大，扭转振型对结构的影响不太明显。

（4）模型结构位移反应

根据试验过程中位移计测得的位移反应及通过对加速度反应数值积分，得到各测点处相对于振动台台面的位移反应。地震波输入时测得的各工况下模型结构各测点相对于台面位移包络图如图 6-18~图 6-21 所示。同一烈度不同地震波作用下模型结构的位移

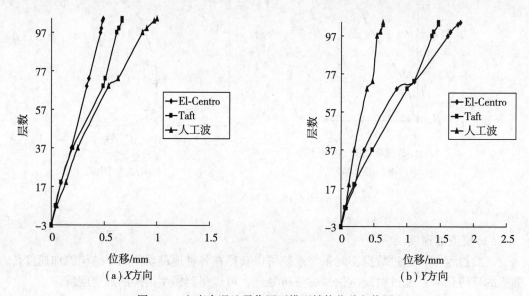

（a）X 方向　　　（b）Y 方向

图 6-18　七度多遇地震作用下模型结构位移包络图

有所不同，一般说来，相同烈度输入情况下，X 向对 Taft 地震波较敏感，位移大；Y 向对 EL-Centro 较敏感，位移大。

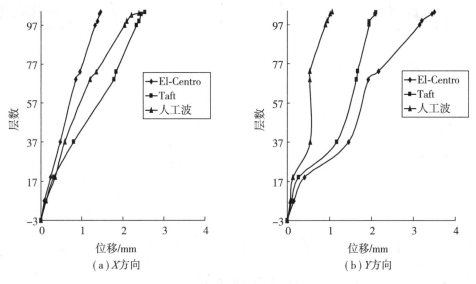

图 6-19　七度基本地震作用下模型结构位移反应包络图

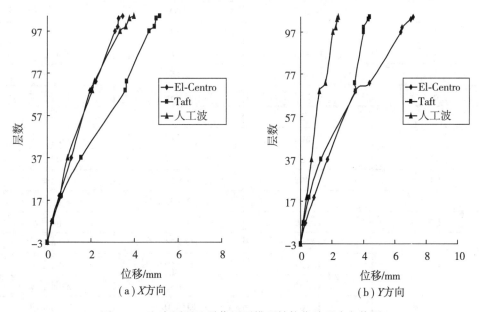

图 6-20　七度罕遇地震作用下模型结构位移反应包络图

3. 原型结构在地震作用下的受力性能

（1）自振频率

根据相似关系，可得原型结构的自振频率，见表 6-4。

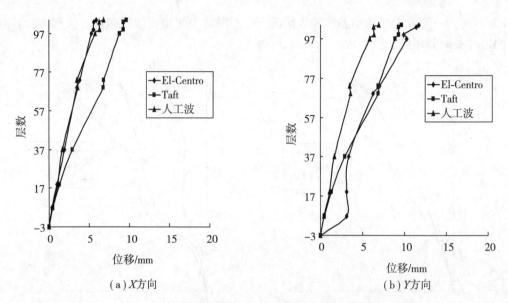

（a）X方向　　　　　　　　　　　　　（b）Y方向

图 6-21　八度罕遇地震作用下模型结构位移反应包络图

表 6-4　　　　　　　　　　　　原型自振频率及阻尼比

振型序号	频率/Hz	周期/s	振型形式
1	0.122	8.197	X 向平动
2	0.125	8.000	Y 向平动
3	0.366	2.732	扭转
4	0.415	2.410	X 向平动
5	0.464	2.155	Y 向平动
6	0.513	1.949	Y 向平动
7	0.555	1.802	X 向平动
8	0.562	1.779	Y 向平动
9	0.659	1.517	Y 向平动
10	1.047	0.955	X 向平动
11	1.105	0.905	扭转
12	1.126	0.888	Y 向平动
13	1.144	0.874	X 向平动
14	1.221	0.819	Y 向平动
15	1.465	0.683	X 向平动
16	1.562	0.640	X 向平动
17	1.660	0.602	Y 向平动
18	1.758	0.569	X 向平动
19	1.855	0.539	X 向平动
20	2.002	0.500	X 向平动

（2）加速度反应

由模型试验结果推算原型结构最大加速度反应的公式如下：

$$a_i = K_i a_g \tag{6-3}$$

式中：a_i——原型结构第 i 层最大加速度反应（g）；

K_i——与原型结构相对应的烈度水准下模型第 i 层的最大动力放大系数；

a_g——与烈度水准对应的地面最大加速度。

在不同烈度水准地震动下，原型结构在 X、Y 方向的加速度最大值见表 6-5。

表 6-5　　　　　　　　　　原型结构加速度反应最大值（单位：g）

楼层	七度多遇		七度基本烈度		七度罕遇		八度罕遇	
	X	Y	X	Y	X	Y	X	Y
停机坪	2.24	2.52	2.06	1.62	2.02	1.18	1.95	1.30
103	1.61	2.09	1.68	1.24	1.58	1.07	1.49	1.29
99	1.74	1.49	1.72	0.89	1.67	1.07	1.54	0.95
97	1.36	1.26	1.31	0.84	1.26	0.73	1.21	0.88
73	0.62	0.65	0.61	0.53	0.50	0.43	0.38	0.42
69	0.63	0.85	0.62	0.59	0.63	0.47	0.61	0.51
37	0.77	0.59	0.61	0.42	0.60	0.43	0.57	0.45
19	0.75	0.90	0.83	0.62	0.74	0.64	0.76	0.62
7	0.88	1.03	1.03	0.95	0.97	0.97	0.94	1.0

（3）位移反应

根据相似关系，由模型试验结果推算原型结构最大位移反应的公式如下：

$$D_i = \frac{a_{mg}}{S_d a_{tg}} D_{mi} \tag{6-4}$$

式中：D_i——原型结构第 i 层位移反应（mm）；

D_{mi}——模型第 i 层最大位移反应（mm）；

a_{mg}——按相似关系要求的模型试验台面最大加速度（m/s²）；

a_{tg}——模型试验时与 D_{mi} 对应的实测台面最大加速度（m/s²）；

S_d——模型位移相似关系。

原型结构在地震动作用下的最大位移反应见表 6-6。

表 6-6　　　　　　　　　　原型结构位移反应最大值（单位：mm）

楼层	七度多遇		七度基本烈度		七度罕遇		八度罕遇	
	X	Y	X	Y	X	Y	X	Y
停机坪	79.76	125.78	203.50	296.74	422.72	526.16	716.93	984.84

续表

楼层	七度多遇		七度基本烈度		七度罕遇		八度罕遇	
	X	Y	X	Y	X	Y	X	Y
103	74.26	123.04	195.78	291.07	403.42	513.18	683.26	958.03
99	74.384	111.34	196.70	251.02	402.99	450.33	683.98	834.11
97	69.08	112.86	186.38	265.15	383.12	465.89	651.80	864.10
73	50.18	77.88	147.15	182.15	298.87	319.47	506.25	590.69
69	43.29	58.63	143.23	144.90	294.17	251.39	502.59	547.48
37	19.66	52.21	63.89	121.79	127.02	213.70	213.13	281.01
19	11.02	14.55	25.73	34.74	54.03	61.90	93.41	260.13
7	4.10	5.65	9.78	12.28	20.35	22.76	33.86	259.33

第7章 结构现场检测技术

近代试验技术的发展，在结构的现场检验中，目前更多的是采用非破损或半破损试验的检测方法。由于结构现场检测必须以不损伤和不破坏结构本身的使用性能为前提，非破损或半破损检测方法是检测结构构件材料的力学强度、弹塑性性质、断裂性能、缺陷损伤以及耐久性等参数，其中主要的是材料强度检测和内部缺陷损伤探测两个方面。结合我国工程建设的实践和现状，混凝土结构的现场检测技术发展尤为迅速。

7.1 混凝土结构非破损检测技术

7.1.1 回弹法检测混凝土强度

回弹法的基本原理是使用回弹仪的弹击拉簧驱动仪器内的弹击重锤，通过中心导杆，弹击混凝土的表面，并赢得重锤反弹的距离，以反弹距离与弹簧初始长度之比为回弹值 R，由它与混凝土强度的相关关系来推定混凝土强度。

回弹法测定混凝土强度均采用试验归纳法，不同的骨料、不同地区均能得到不同的试验归纳结果。混凝土强度 f_{cu}^c 与平均回弹值 R_m 及混凝土表面的平均碳化深度 D_m 之间的二元回归公式如下：

$$f_{cu}^c = AR_m^B 10^{CD_m} \tag{7-1}$$

式中：A、B、C ——为常数项，按原材料条件等因素不同而变化。

回弹法测定混凝土强度对于每一试件的测区数目应不少于 10 个。每一测区的面积不宜大于 $0.04m^2$，每一测区应记取 16 个回弹值。回弹值测完后，应在有代表性的位置上量测混凝土的碳化深度，测点数不应少于构件测区数的 30%。

当回弹仪按水平方向测得试件混凝土浇筑侧面的 16 个回弹值后，分别剔除 3 个最大值和 3 个最小值，按余下的 10 个回弹值取平均值 R_m。

当回弹仪非水平方向测试混凝土浇筑侧面和当回弹仪水平方向测试混凝土浇筑表面或底面时，应将测得的回弹平均值按不同测试角度 α 和不同浇筑面的影响作分别修正。

再按每次测试的碳化深度值求得平均碳化深度 D_m。当碳化深度值极差大于 2.0mm 时，应在每一测区测量碳化深度值。

对于泵送混凝土，由于混凝土流动性大、粗骨料粒径较小、砂率增加、混凝土的砂浆包裹层偏厚等原因，以致结构或构件表面硬度较低，因此混凝土强度要按实测碳化深度值进行修正。检测时的具体注意事项可按照《回弹法检测混凝土抗压强度技术规程》（JGJ/T 23—2011）有关规定。最后由实测的 R_m 和 D_m 值，按测强曲线或《回弹法检测混凝土抗压强度技术规程》附录 A 测区混凝土强度换算表求得测区混凝土强度的换算值

f_{Cu}^C，并由此评定检测结构构件的混凝土强度。

7.1.2　超声脉冲法检测混凝土强度

结构混凝土的抗压强度 f_{cu} 与超声波在混凝土中的传播参数(声速、衰减等)之间的相关关系是超声脉冲检测混凝土强度方法的基础。

混凝土是各向异性的多相复合材料，由于混凝土内部存在着广泛分布的砂浆与骨料的界面和各种缺陷(微裂、蜂窝、孔洞等)形成的界面，使超声波在混凝土中的传播要比在均匀介质中复杂得多，使声波产生反射、折射和散射现象，并出现较大的衰减。在普通混凝土检测中，通常采用 10~500kHz 的超声频率。

超声波脉冲实质上是超声检测仪的高频电振荡激励仪器换能器中的压电晶体，由压电效应产生的机械振动发出的声波在介质中传播(图 7-1)。混凝土强度愈高，相应超声声速也愈大，经试验归纳，建立混凝土强度与声速的关系曲线($f_{cu}^c - v$ 曲线)或经验公式。

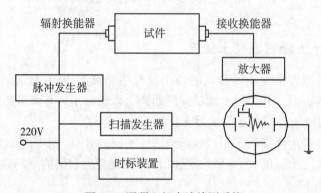

图 7-1　混凝土超声波检测系统

在现场进行结构混凝土强度检测时，应选择试件浇筑混凝土的模板侧面为测试面，一般以 200mm×200mm 的面积为一测区。每个测区内应在相对测试面上对应布置三个测点，相对面上对应的辐射和接收换能器砥在同一轴线上。测试时必须保持换能器与被测混凝土表面有良好的耦合。检测后，由三个测点的平均声时值求得声速的传播速度 v。当在试件混凝土的浇筑顶面或底面测试时，声速值应按规定进行修正。最后由试验测量测的声速，按 $f = 3.6 H_B (\text{N/mm}^2) - v$ 曲线求得混凝土强度的换算值。检测时可参考《超声回弹综合法检测混凝土强度技术规程》(CECS 02:2005)的有关规定。

7.1.3　超声回弹综合法检测混凝土强度

超声回弹综合法是建立在超声传播速度和回弹值与混凝土抗压强度之间相互关系的基础上的，以声速和回弹值综合反映混凝土的抗压强度。

超声和回弹都是以混凝土材料的应力应变行为与强度的关系为依据。超声波在混凝土材料中的传播速度反映了材料的弹性性质，出于声波穿透被检测的材料，因此也反映了混凝土内部构造的有关信息。回弹法的回弹值反映了混凝土的弹性性质，同时在一定程度上也反映了混凝土的塑性性质，但它只能确切反映混凝土表层约 3cm 厚度的状态。当采用超声和回弹综合法时，它既能反映混凝土的弹性，又能反映混凝土的塑性；既能反映混凝土的表层状态，又能反映混凝土的内部构造。这样通过不同物理参量的测定，可以由表及里地、较为确切地反映混凝土的强度。

采用超声回弹综合法检测混凝土强度，能对混凝土的某些物理参量在采用超声或回弹法单一测量时产生的影响得到相互补偿。如对回弹值影响较为显著的碳化深度在综合法中可不予修正，原因是碳化深度较大的混凝土，它的龄期较长而其含水量相应降低，以致声速稍有下降，因此在综合关系中可以抵消因碳化使回弹值上升所造成的影响。所以，用综合法的 $f_{cu}^c - v - R_m$ 关系推算混凝土强度时，不需测量碳化深度和考虑它所造成的影响。试验证明，超声回弹综合法的测量精度优于超声或回弹单一方法，并减少了量测误差。

在超声回弹综合检测时，结构或构件上每一测区的混凝土强度换算值是根据该区实测的超声波声速 v 及回弹平均值 R_m 按事先建立的 $f_{cu}^c - v - R_m$ 关系曲线推定的，随后按《超声回弹综合法检测混凝土强度技术规程》的规定评定结构或构件的混凝土强度。

7.1.4　钻芯法检测混凝土强度

钻芯法是使用专用的取芯钻机，从被检测的结构或构件上直接钻取圆柱形的混凝土芯样，并按相应技术标准要求制成标准芯样，根据芯样的抗压试验由抗压强度推定混凝土的立方抗压强度。它不需要建立混凝土的某种物理量与强度之间的换算关系，被认为是一种较为直观可靠的检测混凝土强度的方法。由于需要从结构构件上取样，对原结构有局部损伤，所以是一种能反映被试结构混凝土实际状态的现场检测的半破损试验方法。

钻芯法检测不宜用于混凝土强度等级低于 C10 的结构。钻取芯样应在结构或构件受力较小的部位和混凝土强度质量具有代表性的部位，应避开主筋、预埋件和管线的位置。

对于单个构件检测时，钻芯数量不应少于 3 个。对于较小的构件，可取 2 个。当对结构构件的局部区域进行检测时，取芯位置和数量可由已知质量薄弱部位的大小决定，检测结果仅代表取芯位置的混凝土质量，不能据此对整个构件及结构强度作出总体评价。

当采用其他非破损方法与钻芯综合检测时，钻芯位置应与该方法的测点布置在同一测区。钻取的芯样试件宜在与被检测结构或构件的混凝土干湿度基本一致的条件下进行抗压试验，求得芯样试件的混凝土强度值 f_{cu}。

采用钻芯法检测时必须按《钻芯法检测混凝土强度技术规程》(CECS 03：2007)的规定和要求进行钻孔、取芯、试验和评定。

7.1.5　拔出法检测混凝土强度

拔出法试验是用一金属锚固件预埋入未硬化的混凝土浇筑构件内(预埋法)，或在已硬化的混凝土构件上钻孔埋入一金属锚固件(后装法)，然后测试锚固件被拔出时的拉力，由被拔出的锥台形混凝土块的投影面积，确定混凝土的拔出强度，并由此推算混凝土的立方抗压强度，也是一种半破损试验的检测方法，如图 7-2 所示。

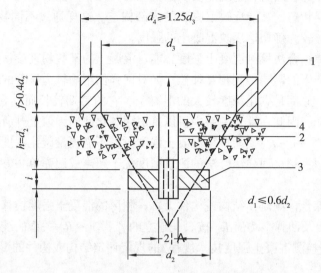

1—承力环；2—拉杆；3—锚固件；4—混凝土破裂线

图 7-2　拔出法基本原理

　　预埋法常用于确定混凝土的停止养护、拆模时间及施加后张法预应力的时间，按事先计划要求布置测点。后装法则较多用于已建结构混凝土强度的现场检测，检测混凝土的质量和判断硬化混凝土的现有实际强度。我国对后装拔出法研究较多，并已颁布有关规程，在工程建设中实施和应用。

　　后装拔出法的试验装置有圆环式和三点式两种，如图 7-3 所示。圆环式拔出装置适用于粗骨料粒径 $D \leqslant 40mm$ 的混凝土，试验时对混凝土损伤较小，但要求测试部位表面混凝土必须平整。三点式拔出装置适用于粗骨料粒径 $D \leqslant 60mm$ 的混凝土，试验时对混凝土损伤较大，但对测试部位表面平整度要求不高。

　　拔出法试验的加荷装置是一专用的手动油压拉杆仪，见图 7-4。整个加荷装置是支承在承力环或三点支承的承力架上，油缸进油时对拔出杆均匀施加拉力，在油压表或荷载传感器上指示拔力。

　　采用后装法进行单个构件检测时，应在构件上均匀布置 3 个测点。当 3 个拔出力中最大拔出力和最小拔出力与中间值之差均小于中间值的 15% 时，仅布置 3 个测点即可；当最大拔出力或最小拔出力与中间值之差大于中间值的 15% 时(包括两者均大于中间值的 15%)时，应在最小拔出力的测点附近再加测 2 个测点；当同批构件按批抽样检测时，抽检数量应不少于同批构件的 30%，且不少于 10 件，每个构件不应少于 3 个测点。

　　测点宜布置在构件浇筑成型的侧面，如果不能满足时，可布置在混凝土成型的表面或底面。在构件的受力较大及薄弱部位应布置测点。相邻两点的间距不应小于 10h，测点距试件边缘不应小于 4h(h 为钳固件的锚固深度)。

　　检测时应按《后装拔出法检测混凝土强度技术规程》的规定和要求进行，并进行混凝土强度的换算和推定。

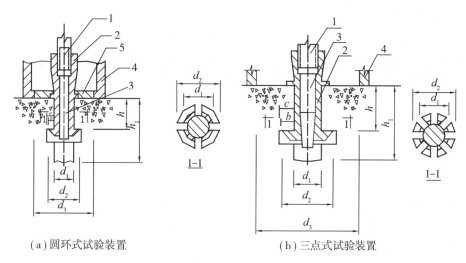

（a）圆环式试验装置 （b）三点式试验装置

1—拉杆；2—胀簧；3—胀杆；4—反力支承；5—对中圆盘

图 7-3 后装拔出法试验装置示意图

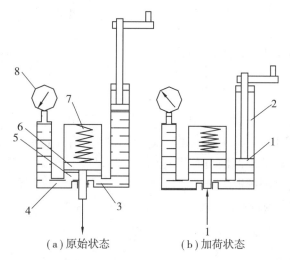

（a）原始状态 （b）加荷状态

1—活塞；2—泵；3、4—油管；5—工作油缸；6—工作油泵；7—复位弹簧；8—压力表

图 7-4 拔出法试验的加荷装置

7.1.6 超声法检测混凝土缺陷

超声波检测混凝土缺陷主要是采用低频超声仪，测量超产脉冲中纵波在结构混凝土中的传播速度、首波幅度和接收信号主频率等声学参数。当结构混凝土中存在缺陷或损伤时，超声脉冲通过缺陷时产生绕射，传播的声速比相同材质无缺陷混凝土的传播声速要小，声时偏长。更由于在缺陷界面上产生反射，因而能量显著衰减，波幅和频率明显降低，接收信号的波形平缓甚至发生畸变。综合声速、波幅和频率等参数的相对变化，对同条件下的混凝土进行比较，判断和评定混凝土的缺陷和损伤情况。

1. 混凝土裂缝深度检测

(1)单面平测法

当结构的裂缝部位只有一个可测表面，估计裂缝深度又不大于 500mm 时，可采用单面平测法。平测时应在裂缝被测部位，以不同测距按跨缝和不跨缝布置测点（布点时应避开钢筋的影响）进行检测，如图 7-5(a)所示。

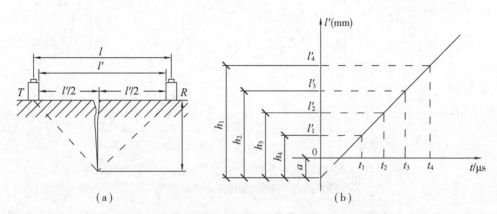

图 7-5　单面平测法检测裂缝深度和平测"时-距"图

平测法检测裂缝深度按下式计算：

$$h_{CI} = \frac{l_i}{2\sqrt{(t_i^0 v / l_i)^2 - 1}} \qquad (7\text{-}2)$$

式中：h_{CI}——第 i 点计算的裂缝宽度(mm)；

　　　l_i——不跨缝平测时第 i 点的超声波实际传播距离(mm)；

　　　t_i^0——第 i 点跨缝平测的声时值(μs)；

　　　v——不跨缝平测的混凝土声速值(km/s)。

这时不跨缝平测的混凝土声速值可由不跨缝平测"时距"坐标图（图 7-4(b)）求得：

$$v = \frac{l_n' - l_1'}{t_n - t_1} \qquad (7\text{-}3)$$

式中：l_n'，l_1'——第 n 点和第 1 点的测距(mm)；

　　　t_n，t_1——第 n 点和第 1 点的声速值(μs)。

(2)双面斜测法

当结构的裂缝部位具有两个相互平行的测试表面时，可采用双面穿透斜测法检测。采用斜测法时，换能器按如图 7-6 布置，并逐点对测相应测点声时值 t_i、波幅值 A_i 和主频率值 f_i 的变化情况，判定裂缝的深度以及是否在所处断面内贯通。

(3)钻孔对测法

对于在大体积混凝土中预计深度在 500mm 以上的深裂缝，采用钻孔对测法探测，如图 7-7 所示。

在裂缝两侧钻两孔(A、B)，孔径应比所用换能器直径大 5~10mm，孔深应不小于比裂缝预计深度深 700mm。经测试如浅于裂缝深度，则应加深钻孔，孔距宜为

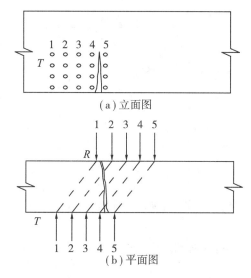

（a）立面图

（b）平面图

图 7-6　双面斜测法检测裂缝

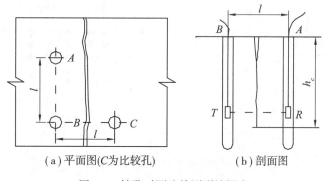

（a）平面图（C为比较孔）　　　（b）剖面图

图 7-7　钻孔对测法检测裂缝深度

2000mm。应选用频率为 20k~60kHz 的径向振动式换能器，测试前向测孔中灌注清水，作为耦合介质，将发射和接收换能器分别置入裂缝两侧的对应孔中，以相同高程等距（100~400mm）由上至下同步移动，在不同的深度上进行对测，逐点读取声时和波幅数据。绘制换能器的深度和对应波幅值的 h-A 坐标图，如图 7-8 所示。波幅值随换能器下降的深度逐渐增大，当波幅达到最大并基本稳定的对应深度，便是裂缝深度 h_c。

测试时，可在混凝土裂缝测孔的一侧另钻一个深度较浅的比较孔 C（图 7-7（a）），通过 B、C 两孔测试同样测距下无裂缝混凝土的声学参数，与裂缝部位的混凝土对比，进行判别。钻孔对测法探测和鉴别混凝土质量的方法，同样可应用于混凝土钻孔灌注桩和钢管混凝土的质量检测。

2. 混凝土内部不密实区和空洞检测

当结构具有两对互相平行的测试面时可采用对测法。在测区的两对相互平行的测试面上，分别画间距为 100~300mm 的网格，确定测点的位量（图 7-9）。对于只有一对相互平行的测试面时可采用对测和斜测相结合的方法。即在测区的两个相互平行的测试面

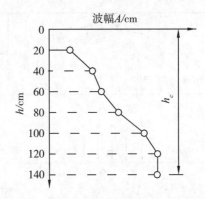

图 7-8 裂缝深度和波幅值的 h-A 坐标图

上，分别画出网格线可在对测的基础上进行交叉斜测(图 7-10)。

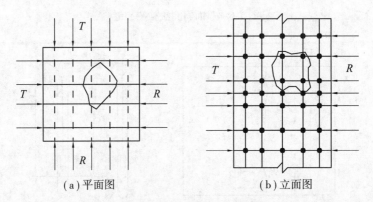

(a) 平面图   (b) 立面图

图 7-9 混凝土缺陷检测对测法测点布置图

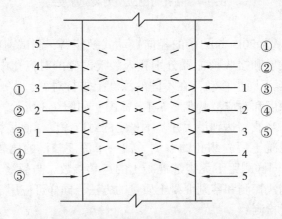

图 7-10 混凝土缺陷检测斜测法测点布置图

当结构测试距离较大时，可采用钻孔或预埋管测试法。换能器测点布置如图 7-11 所示。在测位处预埋测试管或钻出竖向测试孔，预埋管内径或钻孔直径宜比换能器直径大5~10mm，其深度可按测试深度需要而确定。检测时可用一个径向振动式和一个厚度振动式换能器，分别置于孔中和平行于测孔的侧面进入测试。也可在相距预埋管或钻孔间距2~3m处另设一个测孔，并同时用两个径向振动式换能器分别置于两测孔中进行测试，如图7-11所示。

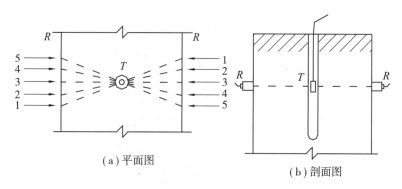

(a) 平面图　　　　　(b) 剖面图

图 7-11　混凝土缺陷检测钻孔法测点布置

测试时，记录每一测点的声时、波幅、主频率和测距。当某些测点声时延长，声能被吸收和散射，波幅降低，高频部分明显衰减的异常情况时，通过对比同条件混凝土的声学参量，确定混凝土内部存在不密实区域和空洞的范围。

按照超声法检阅混凝土缺陷的原理，还可应用于混凝土表面损伤层检测和混凝土前后两次浇筑之间接触面结合质量的检测。检测时应遵照《超声法检测混凝土缺陷技术规程》的有关规定进行测试、数据处理和判断评定。

3. 钢筋位置检测

钢筋位置测试仪是利用电磁感应原理，由感应电流强度变化和相位偏移反映钢筋保护层厚度及钢筋直径的函数关系来探测钢筋的位置和直径。仪器探头距钢筋愈近，钢筋直径愈大时，感应电流强度与相位差也愈大。

4. 钢筋锈蚀检测

钢筋锈蚀测试仪是利用钢筋因锈蚀而在表面有腐蚀电流存在，使电位发生变化的原理，由探头探测电位高低变化的规律，以判断钢筋锈蚀的可能性及锈蚀程度。

7.2　砖石和砌体结构的现场检测技术

砌体结构强度除了受块材和砂浆等材料强度的影响外，施工制作过程中砌筑工艺对砌体强度的实际影响也是一项不可忽视的重要因素。目前在对已建砌体结构鉴定的现场检测中，较多的是采用砌体原位轴心抗压强度测定法，推定每一检测单元的砌体抗压强度标准值。

7.2.1　原位轴压法

原位轴压法的试验装置由扁式液压加载器、反力平衡架和液压加载系统组成(图

7-12）。测试时先在砌体测试部位垂直方向按试件高度上下两端各开凿一个水平槽，将反力平衡架的反力板置于上槽孔，在下槽孔内嵌入一扁式加载器，并用自平衡拉杆固定。通过加载系统对试件分组加载，直到试件受压开裂破坏，求得砌体的极限抗压强度。

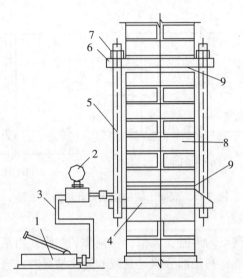

1—手泵；2—压力表；3—高压油管；4—扁式液压加载器；5—拉杆；
6—反力板；7—螺母；8—槽间砌体；9—砂垫层
图 7-12 原位轴压法的试验装置

单个测点的槽间砌体抗压强度为：

$$f_{uij} = \frac{N_{uij}}{A_{ij}} \tag{7-4}$$

式中：f_{uij} ——第 i 个测区第 j 个槽间砌体抗压强度（MPa）；

N_{uij} ——第 i 个测区第 j 个槽间砌体的受压破坏荷载值（N）；

A_{ij} ——第 i 个测区第 j 个槽间砌体的受压面积（mm^2）。

槽间砌体抗压强度除以换算系数 ξ_{1ij}，这时第 i 个测区第 j 个测点的标准砌体的抗压强度 f_{mij} 按下式计算：

$$f_{mij} = \frac{f_{uij}}{\xi_{1ij}} \tag{7-5}$$

式中，原位轴压法的无量纲强度换算系数 ξ_{1ij} 为：

$$\xi_{1ij} = 1.36 + 0.54\sigma_{0ij} \tag{7-6}$$

ξ_{1ij} 是测点墙体上部的压应力 σ_{0ij} 的函数，主要是考虑试件上部压应力 σ_0 和两侧砌体对被测试件约束影响的修正。

测区砌体抗压强度平均值为：

$$f_{mi} = \frac{1}{n_1} \sum_{j=1}^{n_1} f_{mij} \tag{7-7}$$

式中：f_{mi} ——第 i 个测区的砌体抗压强度平均值(MPa)；

　　　n_1 ——测区测点数。

7.2.2 扁顶法

扁顶法的试验装置是由扁式液压加载器及液压加载系统组成(图 7-13)。试验时在待测砌体部位按所取试件的高度在上下两端垂直于主应力方向沿水平灰缝将砂浆掏空，形成两个水平空槽，并将扁式加载器的液囊放入灰缝的空槽内。当扁式加载器进油时、液囊膨胀对砌体产生应力，随着压力的增加，试件受载增大，直到开裂破坏，由此求得槽间砌体的抗压强度。

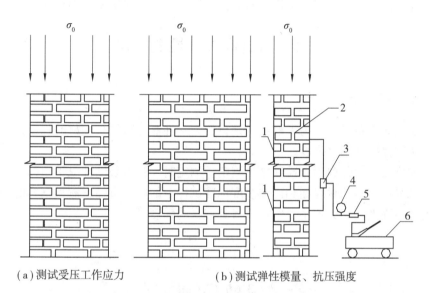

(a)测试受压工作应力　　　　　(b)测试弹性模量、抗压强度

1—测量变形的标脚(两对)；2—扁式液压加载器；3—三通接头；

4—压力表；5—溢流阀；6—手动油泵

图 7-13 扁顶法的试验装置

槽间砌体抗压强度除以强度换算系数 ξ_{2ij} 为标准砌体的抗压强度：

$$f_{mij} = \frac{f_{uij}}{\xi_{2ij}} \qquad (7-8)$$

式中，扁顶法的强度换算系数为

$$\xi_{2ij} = 1.18 + 4\frac{\sigma_{0ij}}{f_{uij}} - 4.18\left(\frac{\sigma_{0ij}}{f_{uij}}\right)^2 \qquad (7-9)$$

同样可按公式(7-7)计算测区砌体抗压强度平均值 f_{mi}。

扁顶法除了可直接测量砌体强度外，当在被试砌体部位布置应变测点进行应变量测时，尚可测量开槽释放应力、砌体的应力-应变曲线、砌体原始主应力值和弹性模量。

现场实测时，以上两种方法对于 240mm 墙体试件尺寸其宽度可与墙厚相等，高度为 430mm(约 7 皮砖)；对于 370mm 墙体，宽度为 240mm，高度为 490mm(约 8 皮砖)。

砌体原位轴心抗压强度测定法是结构在原始状态下进行检测，砌体不受扰动，所以它可以全面考虑砖材和砂浆变异及砌筑质量等对砌体抗压强度的影响，这对于结构改建、抗震修复加固、灾害事故分析以及对已建砌体结构的可靠性评定等尤为适用。此外，这种方法以局部破损应力作为砌体强度的推算依据，结果较为可靠。由于它是一种半破损的试验方法，对砌体所造成的局部损伤易于修复。

采用原位轴压法或扁顶法检测砌体原位轴心抗压强度时应严格遵照《砌体工程现场检测技术标准》的有关规定进行试验数据分析和强度推定。该技术标准有原位单剪和原位单砖双剪两种可以直接测定工程现场的砌体抗剪强度的方法，以及通过量测与砂浆强度有关物理参数间接推定砌体砂浆强度的推出法、回弹法和筒压法等六种间接测定方法。间接测定方法的不足之处是不能综合反映工程的材料质量和工程质量，使用时有一定的局限性，但其优点是测试工作较简单，对砌体工程无损伤或损伤较少。

7.3　钢结构现场检测技术

7.3.1　钢材强度测定

对已建钢结构鉴定时，为了解结构钢材的力学性能，特别是钢材的强度，一般采用表面硬度法间接推断钢材强度。

表面硬度法主要是利用布氏硬度计测定。测定时，锤击硬度计纵轴顶部，由硬度计端部的钢珠受压时在钢材表面和已知硬度标准试样上的凹痕直径，测得钢材的硬度，并由钢材硬度与强度的相关关系，经换算得到钢材的强度。

$$H_{\mathrm{B}} = H_{\mathrm{S}} \frac{D - \sqrt{D^2 - d_{\mathrm{S}}}}{D - \sqrt{D^2 - d_{\mathrm{B}}}} \tag{7-10}$$

$$f = 3.6 H_{\mathrm{B}}(\mathrm{N/mm^2}) \tag{7-11}$$

式中：H_{B}、H_{S}——钢材与标准试件的布氏硬度；

　　　d_{S}、d_{B}——硬度计钢珠在钢材和标准试件上的凹痕直径；

　　　D——硬度计钢珠直径；

　　　f——钢材的极限强度。

测定钢材的极限强度 f 后，可依据同种材料的屈强比计算得到钢材的屈服强度。

7.3.2　超声法检测钢材和焊缝缺陷

超声法检测钢材和焊缝缺陷其工作原理与检测混凝土内部缺陷相同，试验时较多采用脉冲反射法。超声波脉冲经换能器发射进入被测材料传播时，当通过材料不同界面（构件材料表面、内部缺陷和构件底面）时，会产生部分反射。在超声波探伤仪的示波屏幕上分别显示出各界面的反射波及其相对的位置。由缺陷反射波与起始脉冲和底脉冲的相对距离可确定缺陷在构件内的相对位置。如果材料完好、内部无缺陷时，则显示屏上只有起始脉冲和底脉冲，不出现缺陷反射波。

第8章 结构模型试验

土木工程中的整体结构一般体量较大，很难进行原型结构的破坏性试验。因此，需将结构按一定的比例做成缩尺模型进行试验。结构模型可分成缩尺模型和相似模型，缩尺模型是指几何尺寸按一定比例缩小的模型，它与原型不一定相似。当模型在几何尺寸上与原型相似，材料性能、荷载作用、边界条件都符合相似关系，则可通过相似模型的试验推算原型结构的实际工作状态。

结构模型试验中的模型试件，是仿照原型(真实结构)并按照一定比例关系复制而成的试验代表物，它具有原型结构的全部或部分特征。模型的设计制作与试验是根据相似理论，按适当的比例尺采用合适的相似材料制成与原型相似的试件即相似模型，在模型上施加相似力系(或称比例荷载)，使模型受力后重演原型结构的实际工作，最后按照相似理论确定的相似判据整理试验结果，推算原型结构的实际工作。

8.1 相 似 定 理

8.1.1 相似现象的性质

两个物理现象的相似，要求两个现象具有相同物理性质的变化过程，参与两个现象中对应的同名物理量之间有固定的比例常数。

根据牛顿运动定律，作用于结构的惯性力

$$F = ma = m\frac{\mathrm{d}^2 l}{\mathrm{d}t^2} \tag{8-1}$$

对于原型结构

$$F_\mathrm{P} = m_\mathrm{P} a_\mathrm{P} = m_\mathrm{P}\frac{\mathrm{d}^2 l_\mathrm{P}}{\mathrm{d}t_\mathrm{P}^2} \tag{8-2}$$

对于模型结构

$$F_\mathrm{m} = m_\mathrm{m} a_\mathrm{m} = m_\mathrm{m}\frac{\mathrm{d}^2 l_\mathrm{m}}{\mathrm{d}t_\mathrm{m}^2} \tag{8-3}$$

式中：F、m、a、l 和 t 分别为惯性力、质量，加速度、位移和时间。下标 p 与 m 分别表示原型和模型。由于要求各同名物理量之间有固定的比例常数，所以

$$S_F = \frac{F_\mathrm{m}}{F_\mathrm{P}}, \quad S_m = \frac{m_\mathrm{m}}{m_\mathrm{P}}, \quad S_l = \frac{l_\mathrm{m}}{l_\mathrm{P}}, \quad S_t = \frac{t_\mathrm{m}}{t_\mathrm{P}} \tag{8-4}$$

式中：S_F、S_m、S_l 和 S_t 分别为惯性力、质量、位移和时间的相似常数或称相似系数。

将式(8-4)代入式(8-3)，得

$$S_F F_p = S_m m_p \frac{S_l}{S_t^2} \frac{\mathrm{d}^2 l_m}{\mathrm{d} t_p^2} \tag{8-5}$$

即

$$F_p = \frac{S_m S_l}{S_F S_t^2} m_p \frac{\mathrm{d}^2 l_m}{\mathrm{d} t_p^2} \tag{8-6}$$

比较式(8-2)与式(8-6)，得

$$\frac{S_m S_l}{S_F S_t^2} = 1 \tag{8-7}$$

上式相似常数 $\dfrac{S_m S_l}{S_F S_t^2}$ 为两个现象相似时各相似常数之间需要满足的一定关系，称为模型与原型相似的相似指标。从上述推导可知，两个物理现象相似，则相似指标必等于1，这就是相似第一定理。

由式(8-4)和式(8-7)可得

$$\frac{m_p l_p}{F_p t_p^2} = \frac{m_m l_m}{F_m t_m^2} \tag{8-8}$$

写成一般形式

$$\pi = \frac{ml}{Ft} \tag{8-9}$$

我们称 π 为相似判据，显然相似判据还可写成

$$\pi_p = \pi_m \tag{8-10}$$

如果两个物理现象相似，则相似指标等于1，或相似判据相等。

8.1.2 相似判据的确定

相似判据的确定，一般有两种方法，即方程式分析法和量纲分析法。本书只介绍用方程式分析法确定相似判据，量纲分析法参见相关资料。

研究现象的各物理量之间的关系可用方程式表达时，则可以用表达这一物理现象的方程式导出相似判据。

如图8-1所示，一悬臂梁，在梁端作用一集中荷载 P。

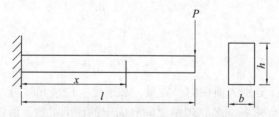

图 8-1 梁端受集中荷载作用的悬臂梁

(以原型结构为例)在 x 截面处的弯矩为：

$$M_p = P_p(l_p - x_p) \tag{8-11}$$

截面上的正应力为

$$\sigma_p = \frac{M_p}{W_p} = \frac{P_p}{W_p}(l_p - x_p) \tag{8-12}$$

截面处的挠度为

$$f_P = \frac{P_p x_p^2}{6E_p I_p}(3l_p - x_P) \tag{8-13}$$

按照各物理量确定相似常数，如根据前面推导惯性力相似判据的方法可得下列各相似指标：

$$\frac{S_m}{S_P S_l} = 1, \quad \frac{S_\sigma S_l^2}{S_P} = 1, \quad \frac{S_f S_E S_l}{S_P} = 1 \tag{8-14}$$

可得

$$\frac{M_m}{P_m l_m} = \frac{M_p}{P_p l_p}$$

$$\frac{\sigma_m l_m}{P_m} = \frac{\sigma_p l_p}{P_p}$$

$$\frac{f_m E_m l_m}{P_m} = \frac{f_p E_p l_p}{P_p}$$

依次求得三个相似判据为

$$\pi_1 = \frac{M}{Pl}, \quad \pi_2 = \frac{\sigma l}{P} \text{ 和 } \pi_3 = \frac{fEl}{P} \tag{8-15}$$

当表达物理现象函数关系为微分方程式时，求相似判据的步骤是：

① 将微分方程中所有微分符号去掉；

② 任取其中的一项去除方程式中的其他各项；

③ 所得的各项即为要求的相似判据。

一单自由度系统在受强迫力作用后其动力平衡微分方程为：

$$m_p \frac{d^2 x_p}{dt_p^2} + C_p \frac{dx_p}{dt_p} + K_p x_p = P_p(t_p) \tag{8-16}$$

式中：m，C，K，x，t 和 $P(f)$ 分别为质量、阻尼系数、弹簧常数、位移、时间和干扰力。

同样模型的微分方程为：

$$m_m \frac{d^2 x_m}{dt_m^2} + C_m \frac{dx_m}{dt_m} + K_m x_m = P_m(t_m) \tag{8-17}$$

当确定各物理量的相似常数 S_m、S_x、S_k、S_τ、S_t 和 S_P 时，将式(8-17)中模型参数用原型参数与相似常数的乘积表示：

$$\frac{S_m S_x}{S_t^2 S_P} \cdot m_p \frac{d^2 x_p}{dt_p^2} + \frac{S_\tau S_x}{S_t S_P} C_p \frac{dx_p}{dt_p} + \frac{S_k S_x}{S_P} K_p x_p = P_p(t_p) \tag{8-18}$$

比较式(8-18)与式(8-16)即得

$$\frac{S_m S_x}{S_t^2 S_P} = 1,\ \frac{S_\tau S_x}{S_t S_P} = 1\ \text{和}\ \frac{S_k S_x}{S_P} = 1 \qquad (8\text{-}19)$$

由此可得相似判据为

$$\pi_1 = \frac{mx}{t^2 P(t)},\ \pi_2 = \frac{cx}{tP(t)}\ \text{和}\ \pi_3 = \frac{Kx}{P(t)} \qquad (8\text{-}20)$$

这个例子说明相似判据的形式变换仅与相似常数有关，而微分符号可不予考虑。

8.1.3 相似现象的充分必要条件

要使两个现象相似，除了要求它们满足几何相似、有相同的物理关系表达式及由物理关系表达式求得的相同判据相等外，还要求能唯一地确定这一现象的条件(如边界条件、初始条件等)也必须相似。我们称这些从同类性质的现象中区分具体现象的条件为单值条件，至此可以将相似现象表述为：在几何相似系统中，如果两个现象由结构相同的物理方程描述，且它们的单值条件相似(单值量对应成比例，且单值量的判据相等)，则这两个现象相似。

8.2 模型设计

结构模型试验按试验目的的不同可分为两类：

1. 弹性模型——为研究在荷载作用下结构弹性阶段的工作性能，用均质弹性材料制成与原型相似结构模型。

2. 强度模型——为研究在荷载作用下结构各个阶段工作性能，包括直到破坏的全过程反应，用原材料或相似材料制成的与原型相似的结构模型。

模型设计一般按下列程序进行：

①按试验目的选择模型类型；

②按相似原理用方程式分析法或量纲分析法确定相似判据；

③确定模型的几何比例，即定出长度相似常数 S_l；

④根据相似判据确定其他各物理量的相似常数；

⑤设计和绘制模型的施工图。

由前面推导相似判据过程可见，相似常数的个数多于相似判据的数目，设计时除首先根据试验目的、试验室条件、试验设备条件、吊装能力、经费预算等确定长度相似常数 S_l 外，再根据模型施工要求、试验设备加载能力、试验量测仪器等选定模型材料，亦即确定 S_E 和 S_σ，然后推导出其他物理量的相似常数。表8-1列出一般静力试验弹性模型的相似常数。当设计先确定 S_l 和 S_E 时，其他物理量的相似常数都是 S_l 和 S_E 的函数，或是等于1。例如应变、泊松比和角变位等均为无量纲数，它们的相似常数 S_ε、S_v 和 S_β 均等于1。对于结构动力试验模型，除了与静力模型有关材料特性、几何特性和荷载等物理量有相同的相似关系(表8-1)外，还与有关动力性能物理量有相似关系(表8-2)。

表 8-1 结构静力试验模型的相似常数和相似关系

类型	物理量	量纲	相似关系
材料特性	应力 σ	FL^{-2}	$S_E = S_\sigma$
	应变 ε	—	1
	弹性模量 E	FL^{-2}	S_E
	泊松比 ν	—	1
	质量密度 ρ	$FL^{-4}T^2$	$S_\rho = S_E/S_l$
几何特性	长度 L	L	S_l
	线位移 x	L	$S_x = S_l$
	角位移 β	—	1
	面积 A	L^2	$S_A = S_l^2$
	惯性矩 I	L^4	$S_I = S_l^4$
荷载	集中荷载 P	FL	$S_P = S_E S_l^2$
	线荷载 ω	FL^{-1}	$S_\omega = S_E S_l$
	面荷载 q	FL^{-2}	$S_q = S_E$
	力矩 M	FL	$S_M = S_E S_l^3$

表 8-2 结构动力模型试验的相似常数和相似关系

类型	物理量	量纲	相似关系	类型	物理量	量纲	相似关系
动力性能	质量 m	$FL^{-1}T^2$	$S_m = S_\rho S_l^3$	动力性能	时间、固有周期 T	T	$S_T = (S_m/S_k)^{1/2}$
	刚度 k	FL^{-1}	$S_k = S_E S_l$		速度 v	LT^{-1}	$S_v = S_x/S_l$
	阻尼 c	$FL^{-1}T$	$S_c = S_m/S_l$		加速度 a	LT^{-2}	$S_a = S_x/S_l^2$

上述模型设计所得各物理量之间的相似关系均是在假定采用理想弹性材料的情况下推导求得的。实际上较多钢筋混凝土或砌体结构的强度模型要研究结构非线性性能，因此对模型材料的相似要求更为严格，必须按实际情况建立相似关系。从表 8-1 可见 $S_E = S_\sigma$ 的关系，就是要求模型和原型结构的应力应变关系相似，这只有选用与原型结构相同强度和变形的材料时才有可能。

在静力模型的相似关系中，当 $S_E = S_\sigma = 1$ 时，质量密度 $S_\rho = 1/S_l$，要求模型材料密度为原型材料的 S_l 倍。这事实上是不可能的。为此，当需考虑结构本身的质量和重量对结构性能的影响时，需要在模型上施加附加质量，满足材料密度相似的要求。

同样，在动力模型中模拟惯性力、重力时，也必须考虑模型和原型结构材料质量密度的相似。由相似关系 $S_E/(S_E S_\sigma) = S_l$。通常重力加速度相似常数 $S_g = 1$，则要求模型材料的弹性模量应比原型的小或密度比原型的大，试验时也采用加附加质量的方法，来弥补材料密度不足所产生的影响。

8.3 模型材料

模型材料可分为弹性模型材料和强度模型材料。

8.3.1 弹性模型材料

当模型试验的目的在于研究弹性阶段的应力状态，模型材料应尽可能与一般弹性理论的基本假定一致，即要求匀质、各向同性、应力与应变成线性关系和固定的泊松比。模型材料可与原型材料不同，常用的有金属(钢、铝合金)、塑料(环氧树脂、有机玻璃等)、石膏等。

金属的力学性能大都符合弹性理论的基本假定，但金属的弹性模量较高，要求试验荷载大，测量的精度高，模型加工制作较困难。

制作模型的塑料种类很多，热固性的塑料有环氧树脂、聚酯树脂；热塑性的塑料有聚氯乙烯、有机玻璃。塑料作为模型材料的优点是强度高而弹性模量低，容易加工；缺点是徐变较大，弹性模量受温度变化的影响也大。即使在应力较小时，应力-应变曲线也表现出非线性，所以试验应力应控制在材料强度的 1/5 以下。

用石膏制作模型，其优点是容易加工、成本较低，泊松比与混凝土十分接近，弹性模量可以改变；缺点是抗拉强度低，要获得均匀和正确的弹性模量比较困难。可以在石膏内掺入一定的掺合料和缓凝剂来改善材料的性能。

8.3.2 强度模型材料

如果模型试验的目的在于研究结构的全部工作特性，包括超载一直到破坏，由于对模型材料模拟的要求更加严格，通常采用与原型极为相似的材料或原型完全相同的材料来制作模型。

1. 水泥砂浆

水泥砂浆曾被广泛地用来做钢筋混凝土板壳等薄壁结构的模型。它的性能无疑与有大骨料的混凝土不同，但对比上述提到的几种材料来看，它毕竟还是比较接近混凝土的。可以通过调整细骨料含量和水灰比来改善和满足力学性能的要求。

2. 微粒混凝土

微粒混凝土同样是由细骨料、水泥和水组成的专门用于结构模型试验的一种新型材料，又称为模型混凝土。它是用 2.5~5.0mm 的粗砂代替普通混凝土中的粗骨料砾石，用 0.15~2.5mm 的细砂代替普通混凝土中的细骨料砂粒，并按一定级配和水灰比组成。经级配设计在正确控制骨料用量和水灰比的情况下，它的力学性能可以与普通混凝土有令人满意的相似性。骨料粒径要根据模型几何尺寸而定，一般最大粒径不大于截面最小尺寸的 1/3。

3. 模型钢筋

模型钢筋一般都是用盘状细钢筋，使用前先要拉直，拉直过程是一次冷加工。为了能模拟实际结构中钢筋和混凝土的黏结情况，要求通过专用设备将钢筋表面压痕。以上的加工都会改变材料的性能，使用前要先进行热处理，使它恢复到有明显的屈服点，增加钢筋的延性。

4. 模型砖块

为模拟砖石或砌块结构的强度模型，基本上是使用与原型结构相同的砖或砌块。由于模型比例的要求，一般是将原型的材料加工切割成小比例尺寸的砖材或砌块，也可以向砖厂或砌块厂按尺寸要求特殊加工。

参 考 文 献

[1]姚振纲,刘祖华.建筑结构试验[M].上海:同济大学出版社,1996.

[2]周颖,吕西林.建筑结构振动台模型试验方法与技术[M].北京:科学出版社,2012.

[3]刘杰、闫西康.建筑结构试验[M].北京:机械工业出版社,2012.

[4]易伟建,张望喜编著.建筑结构试验[M].北京:中国建筑工业出版社,2005.

[5]胡铁明.建筑结构试验[M].北京:中国质检出版社,2011.

[6]杨德健,马芹永.建筑结构试验[M].武汉:武汉理工大学出版社,2011.

[7]混凝土结构工程施工质量验收规范(GB 50204—2015)[S].北京:中国建筑工业出版社,2015.

[8]混凝土结构试验方法标准(GB 50152—2012)[S].北京:中国建筑工业出版社,2012.

[9]建筑抗震试验规程(JGJ/T 101—2015)[S].北京:中国建筑工业出版社,2015.

[10]普通混凝土力学性能试验方法标准(GB/T 50081—2002)[S].北京:中国建筑工业出版社,2003.

[11]回弹法检测混凝土抗压强度技术规程(JGJ/T 23—2011)[S].北京:中国建筑工业出版社,2011.

[12]超声回弹综合法检测混凝土强度技术规程(CECS 02:2005)[S].北京:中国计划出版社,2005.

[13]钻芯法检测混凝土强度技术规程(CECS 03:2007)[S].北京:中国计划出版社,2007.

[14]拔出法检测混凝土强度技术规程(CECS 69:2011)[S].北京:中国计划出版社,2011.

[15]超声法检测混凝土缺陷技术规程(CECS 21:2000)[S].北京:中国计划出版社,2000.

[16]砌体工程现场检测技术标准(GB/T 50152—2011)[S].北京:中国建筑工业出版社,2011.

后　记

经全国高等教育自学考试指导委员会同意，由全国考委土木水利矿业环境类专业委员会负责建筑工程专业教材的审定工作。

本教材由同济大学施卫星教授担任主编，同济大学卢文胜教授和单伽锃助理研究员参加编写。全书由施卫星统稿。

全国考委土木水利矿业环境类专业委员会组织了本教材的审稿工作。同济大学吕西林教授担任主审，清华大学王宗纲教授、苏州科技大学田石柱教授参加审稿，并提出修改意见。谨向他们表示诚挚的谢意！

全国考委土木水利矿业环境类专业委员会最后审定通过了本教材。

全国高等教育自学考试指导委员会

土木水利矿业环境类专业委员会

2016 年 1 月